信息技术人才培养精品教材

U0794347

Java Web 程序设计案例教程

主　编　汤富彬　毛以芳

西南交通大学出版社
·成　都·

图书在版编目（C I P）数据

Java Web 程序设计案例教程 / 汤富彬，毛以芳主编
. —成都：西南交通大学出版社，2022.1
ISBN 978-7-5643-8439-5

Ⅰ. ①J… Ⅱ. ①汤… ②毛… Ⅲ. ①JAVA 语言－程序设计－高等职业教育－教材 Ⅳ. ①TP312.8

中国版本图书馆 CIP 数据核字（2021）第 256163 号

Java Web Chengxu Sheji Anli Jiaocheng
Java Web 程序设计案例教程

主　编 / 汤富彬　毛以芳
责任编辑 / 李华宇
封面设计 / GT 工作室

西南交通大学出版社出版发行
（四川省成都市金牛区二环路北一段 111 号西南交通大学创新大厦 21 楼　610031）
发行部电话：028-87600564　028-87600533
网址：http://www.xnjdcbs.com
印刷：成都中永印务有限责任公司

成品尺寸　185 mm × 260 mm
印张　10.75　　字数　267 千
版次　2022 年 1 月第 1 版　　印次　2022 年 1 月第 1 次

书号　ISBN 978-7-5643-8439-5
定价　38.00 元

课件咨询电话：028-81435775

前　言

在信息爆炸的时代，Java Web 开发技术也在不断更新和发展，但是其主要的核心技术仍然得到广大开发人员的青睐。目前，关于 Java Web 开发技术方面的职业教育教材较少，不能满足教育和培训的需求。鉴于此，我们组织编写了本教材。

本书基于编者多年的实践教学与开发经验，深入浅出地介绍了 Java Web 程序设计的核心知识和技巧。全书共 9 章，主要内容包括搭建开发环境、HTTP、JSP 的基本语法、Javabean+Servlet 技术、JDBC 技术、EL 表达式、JSTL 标签、文件的上传与下载等，同时，通过个人博客系统实际案例，详细介绍了新建博客系统的数据库、新建博客系统的 Java Web 工程、登录功能模块的实现、主页数据展示模块的实现、博客详细信息模块的实现、博客类别模块的实现、博客个人中心模块的实现等操作方法，以帮助读者真正明白 Java Web 应用程序开发的全过程。

本书主要有以下特点：

1. 强调技能训练和动手能力培养，重在培养应用型人才，通过案例，让学生“做中学，学中做”，将理论与实践相结合，提高学生学习兴趣的同时，强化学生的动手能力。

2. 基于工作过程，将理论与实践融于项目中。本书第 9 章，通过一个完整的小项目，将前 8 章的内容融于项目中，让学生在项目开发过程中学会对知识的综合运用，同时理解并掌握整个项目开发的全过程，为学生就业打下基础。

本书由成都工业职业技术学院汤富彬、毛以芳担任主编。具体编写分工如下：汤富彬编写第 1 章、第 2 章及第 7～9 章，毛以芳编写第 3～6 章。本书在编写过程中得到了信息工程学院领导、物联网教学团队及西南交通大学出版社的大力支持和帮助，在此表示衷心的感谢。

由于编者编写水平有限及时间紧迫，书中难免有不足之处，敬请读者批评指正。

编　者

2021 年 11 月

目　录

第1章　搭建开发环境

“工欲善其事，必先利其器。”在开发 Java Web 应用程序前，必须要有稳定的开发环境和运行环境。本章主要以图文方式讲解统一开发环境的搭建过程，涉及环境安装、相关配置和 IDE 集成开发环境的使用等，具体包括 JDK 1.8 的安装及配置、Tomcat 9 的使用及配置、Eclipse Oxygen 的使用及配置、MySQL 5.7 的安装、利用第三方数据库可视软件 Navicat for MySQL 新建数据库等内容。

1.1　JdK 1.8 的安装与配置

JDK（Java 开发运行环境）是 Java 语言的软件开发工具包，主要用于移动设备、嵌入式设备上的 Java 应用程序。JDK 是整个 Java 开发的核心，它包含 Java 的运行环境（JVM+Java 系统类库）和 Java 工具，目前 JDK 经过发展产生了多个版本，见表 1.1。

表 1.1　JDK 的历史版本

版本	名称	发行日期
JDK 1.1.4	Sparkler（宝石）	1997-09-12
JDK 1.1.5	Pumpkin（南瓜）	1997-12-13
JDK 1.1.6	Abigail（阿比盖尔——女子名）	1998-04-24
JDK 1.1.7	Brutus（布鲁图——古罗马政治家和将军）	1998-09-28
JDK 1.1.8	Chelsea（切尔西——城市名）	1999-04-08
J2SE 1.2	Playground（运动场）	1998-12-04
J2SE 1.2.1	none（无）	1999-03-30
J2SE 1.2.2	Cricket（蟋蟀）	1999-07-08
J2SE 1.3	Kestrel（美洲红隼）	2000-05-08
J2SE 1.3.1	Ladybird（瓢虫）	2001-05-17
J2SE 1.4.0	Merlin（灰背隼）	2002-02-13
J2SE 1.4.1	grasshopper（蚱蜢）	2002-09-16
J2SE 1.4.2	Mantis（螳螂）	2003-06-26
Java SE 5.0 (1.5.0)	Tiger（老虎）	2004-09-30
Java SE 6.0 (1.6.0)	Mustang（野马）	2006-04
Java SE 7.0 (1.7.0)	Dolphin（海豚）	2011-07-28
Java SE 8.0 (1.8.0)	Spider（蜘蛛）	2014-03-18
Java SE 9		2017-09-21

续表

版本	名称	发行日期
Java SE 10		2018-03-14
Java SE 11		2018-09-26
Java SE 12		2019-03-20
Java SE 13		2019-09-17

1.1.1　JDK 的下载

通过浏览器输入 JDK 的下载地址（http://www.oracle.com/technetwork/java/javase/downloads/index.html）下载可执行文件，如图 1.1 所示。注意：下载的 JDK 版本需要和操作系统相匹配，如操作系统是 64 位，则 JDK 选择 64 位。

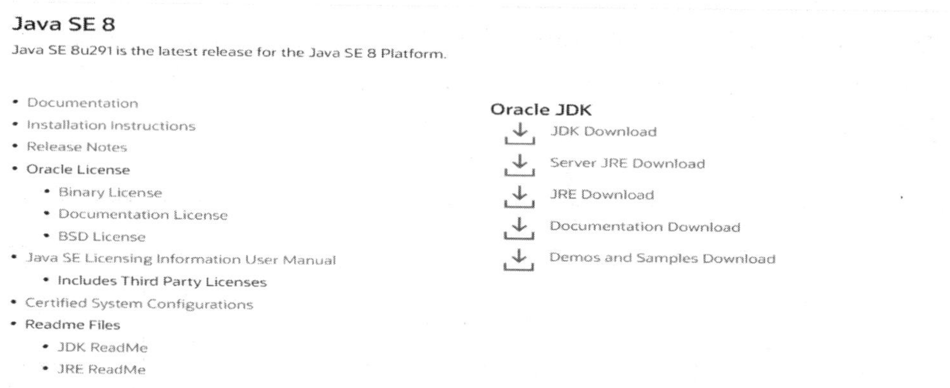

图 1.1　JDK 的下载网址

1.1.2　JDK 的安装步骤

（1）双击安装文件，单击“下一步”，即可进行 JDK 的安装，如图 1.2 所示。

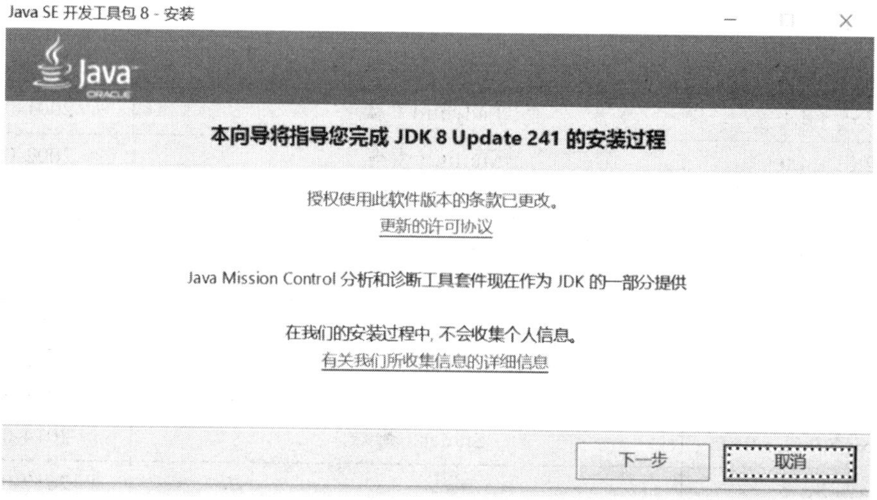

图 1.2　JDK 的安装

（2）在安装的过程中，可以选择安装的路径，如图 1.3 所示。

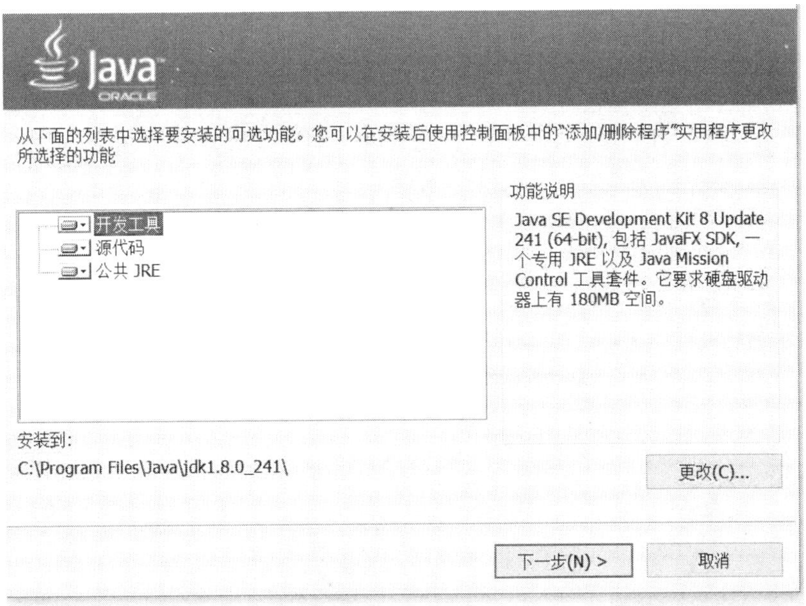

图 1.3 JDK 的安装

（3）等待几分钟，出现以下画面便完成了 JDK 1.8 的安装，如图 1.4 所示。

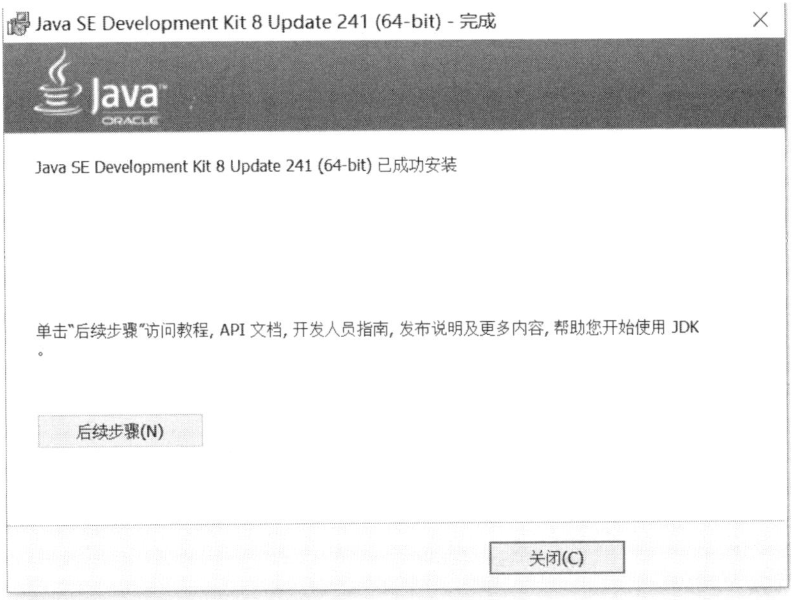

图 1.4 JDK 的安装

1.1.3 JDK 1.8 环境变量的配置

环境变量，是指在操作系统中用来指定操作系统运行环境的一些参数。通俗来说，就是操作系统查找程序的路径，在 JDK 中需要配置三个环境变量。JAVA_HOME：JDK 的安装路径，是其他程序（Tomcat、Eclipse 等）寻找 JDK 时的参考值。PATH：将 JDK 的 bin 目录路径写在 PATH 变量的前面，这个是操作系统在执行任何程序时，首先在这个变量里查找所执行程序的位置。一般 Java 和 Javac 运行时提示找不到命令，就是因为没有配这里。CLASSPATH：是执行 class 文件时，查找 class 文件的位置的范围。一般将表示当前目录的小点.和 JDK 的 lib 目录、jre 的 lib 目录以及两个主要的 JAR 包（tools、dt）写进去。

配置步骤：

（1）右击“我的电脑”→“属性”菜单→“高级系统设置”，如图 1.5 所示。

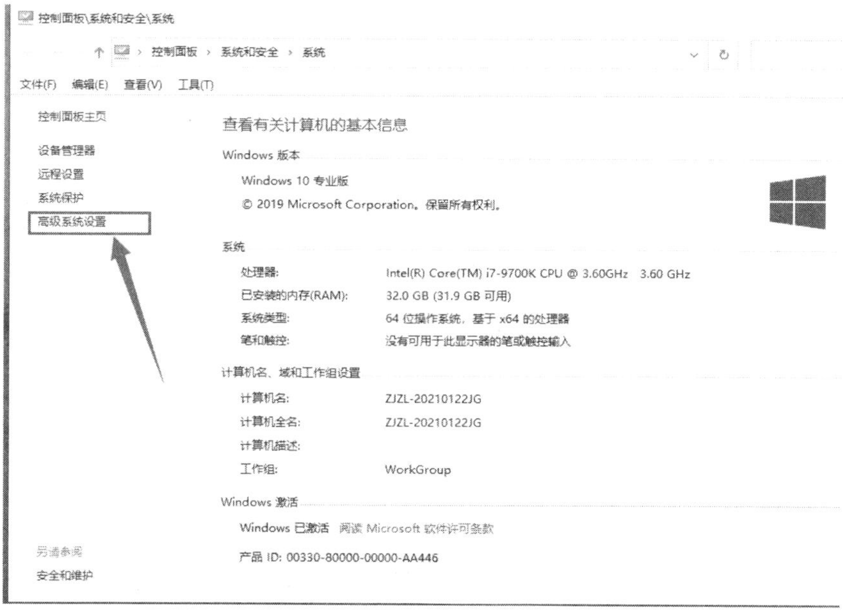

图 1.5　JDK 环境变量的配置

（2）点击“环境变量”进行设置，如图 1.6 所示。

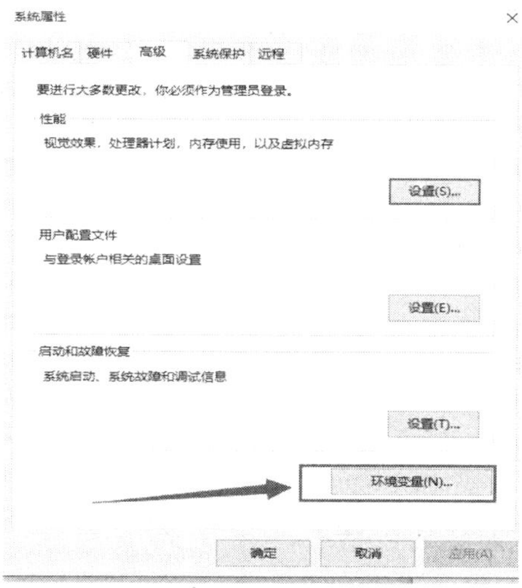

图 1.6　JDK 环境变量的配置

（3）新建 JAVA_HOME 环境变量，变量值设置为 JDK 的安装目录，如图 1.7 所示。

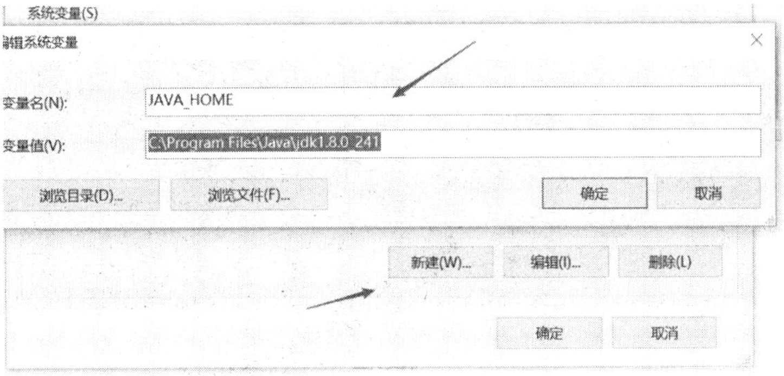

图 1.7　JDK 环境变量的配置

（4）将 bin 目录添加到 PATH 环境变量，双击或者点击“编辑”都可。最好将其通过上移到最上，避免有其他冲突的 Java 环境变量，如图 1.8 所示。

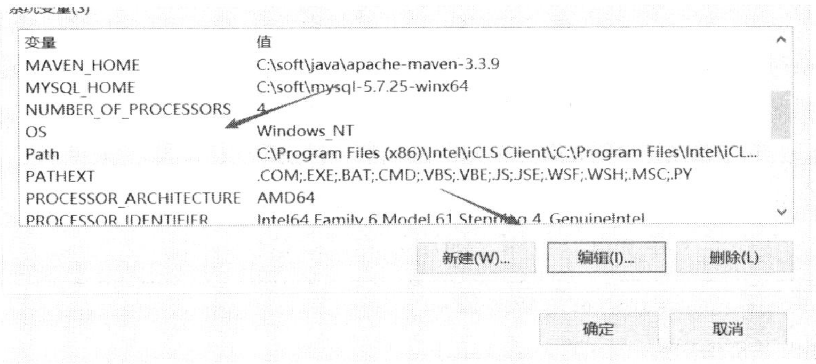

图 1.8　JDK 环境变量的配置

（5）新建 classpath 变量，并设置变量值，如图 1.9 所示。

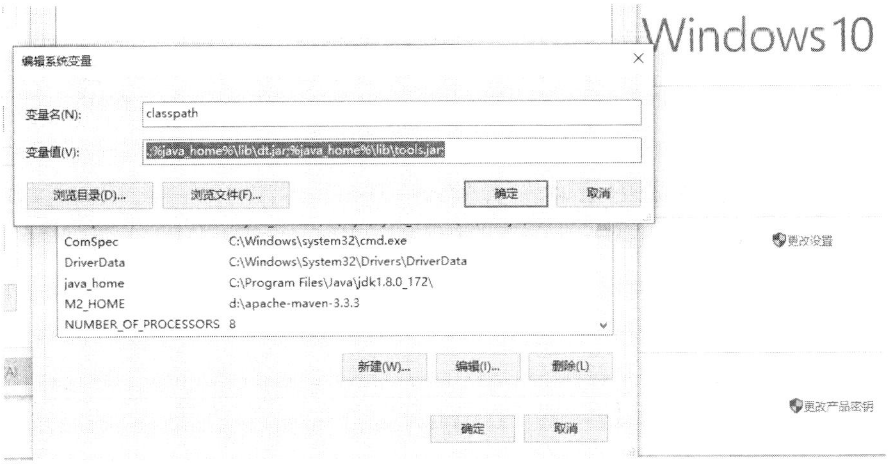

图 1.9　JDK 环境变量的配置

（6）最后输入 java –version 测试 JDK 是否安装成功，出现以下画面则说明环境已经安装成功，如图 1.10 所示。

图 1.10　JDK 环境变量的测试

1.2　Tomcat 9 服务器的安装和配置

Tomcat 是 Apache 软件基金会（Apache Software Foundation）的 Jakarta 项目中的一个核心项目，由 Apache、Sun 和其他一些公司及个人共同开发而成。由于有了 Sun 的参与和支持，最新的 Servlet 和 JSP 规范总是能在 Tomcat 中得到体现。Tomcat 9 支持最新的 Servlet 2.4 和 JSP 2.0 规范。因为 Tomcat 技术先进、性能稳定，而且免费，所以深受 Java 爱好者的喜爱并得到了部分软件开发商的认可，成为目前比较流行的 Web 应用服务器。

安装 Tomcat 之前应先配置 JDK（JDK 的 JAVA_HOME 变量都必须设置好，以便 Tomcat 找到 JDK），关闭防火墙等。Tomcat 安装包可以下载 zip 格式或 exe 格式，其中 zip 格式的安装包无须安装，直接解压后就可以使用。解压后的目录结构如图 1.11 所示。

bin——存放启动和关闭 Tomcat 的脚本文件。
conf——存放 Tomcat 服务器的各种配置文件。
lib——存放 Tomcat 服务器的支撑 jar 包。
logs——存放 Tomcat 的日志文件。
temp——存放运行时产生的临时文件。
webapps——web 应用所在目录，供外界访问的 web 资源的存放目录。
work——Tomcat 的工作目录，存放编译后的 class 文件。Java 文件需要编译成 class 文件。

图 1.11　tomcat 目录结构

1.2.1　Tomcat 服务器的启动和关闭

方法一：直接到 bin 目录进行启动和关闭，这种方法虽然比较简单，但是每次使用都需要打开 startup.bat，所以不推荐使用（见图 1.12）。

图 1.12　Tomcat 启动和关闭服务器

方法二：右击“此电脑”→点击“属性”→点击“高级系统设置”→“高级”→“环境变量”。新建环境变量，在“系统变量”里新建变量名为 CATALINA_BASE，变量值为 D:\JavaEE\apache-tomcat-9.0.8（此处为解压包路径）的变量。在“系统变量”里新建变量名为 CATALINA_HOME，变量值为 D:\JavaEE\apache-tomcat-9.0.8 的变量。在“系统变量”里打开 Path 变量，添加变量值：%CATALINA_HOME%\lib;%CATALINA_HOME%\bin。注意，这一步可有可无，有些计算机无须配置此步便可完成。

进入 tomcat 下的 bin 目录（笔者计算机的路径为 D:\JavaEE\apache-tomcat-9.0.8\bin），执行“service.bat install”如图 1.13 所示。（注：service 卸载命令为“service.bat remove”）

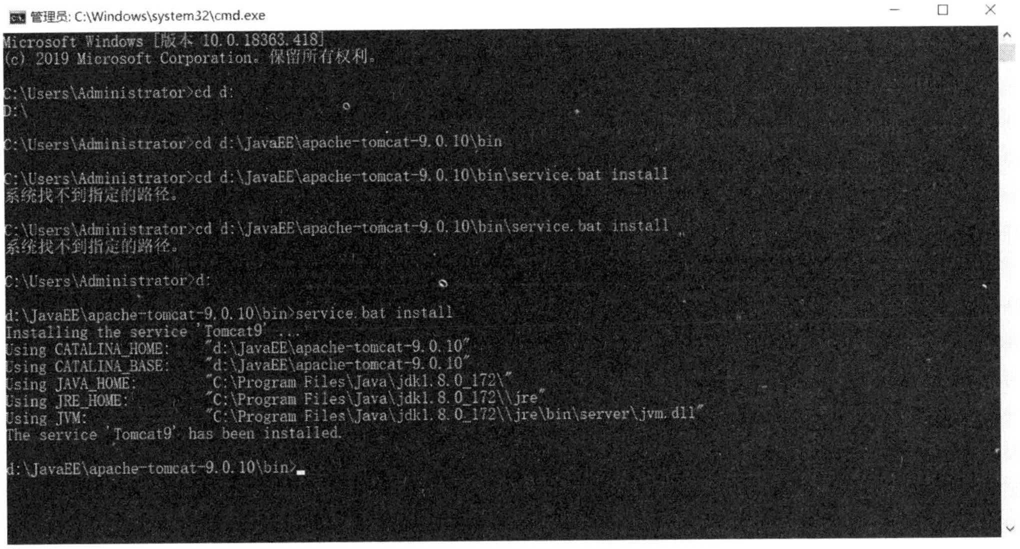

图 1.13　Tomcat 安装服务程序

在 tomcat 解压路径下的 bin 文件夹内双击打开“tomcat9w.exe”，在打开的软件界面点击“Start”即可，如图 1.14 所示。

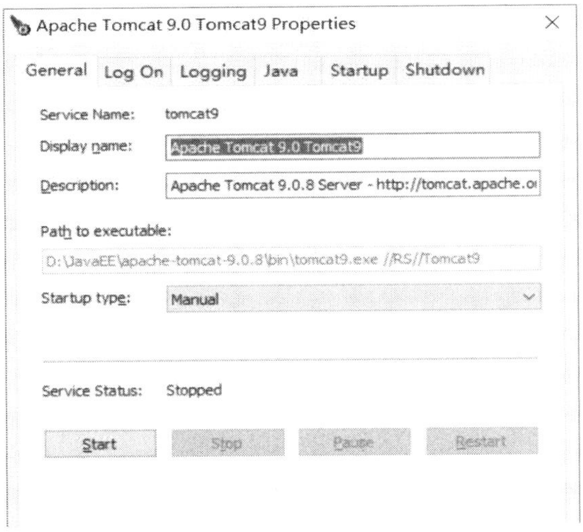

图 1.14　打开 Tomcat 属性界面

方法三：右击桌面上的“此电脑”→“管理”→“服务和应用程序”→“服务”，找到“Apache Tomcat 9.0 Tomcat9”服务，右击该服务，选择“启动”。Tomcat 启动后可以在任务管理器的进程里找到“Commons Daemon Service Runner”进程，在此进程下有一个“Apache Tomcat 9.0 Tomcat9”的服务正在运行，要结束进程可击“Stop”。

1.2.2 Tomcat 中的 config 文件夹及端口号配置

conf 是 config 的缩写，在此文件夹进行相关配置，如修改 tomcat 的访问端口等，其方法如下：找到 tomcat 安装目录下的 conf 文件夹里的 server.xml 文件（如笔者的路径为 D:\JavaEE\apache-tomcat-9.0.8\conf）。打开该文件，找到以下内容，将其中的 port="8080"改为 port="9090"，然后保存即可，如图 1.15 所示。

当端口号被占用时，可以修改端口号解决问题。

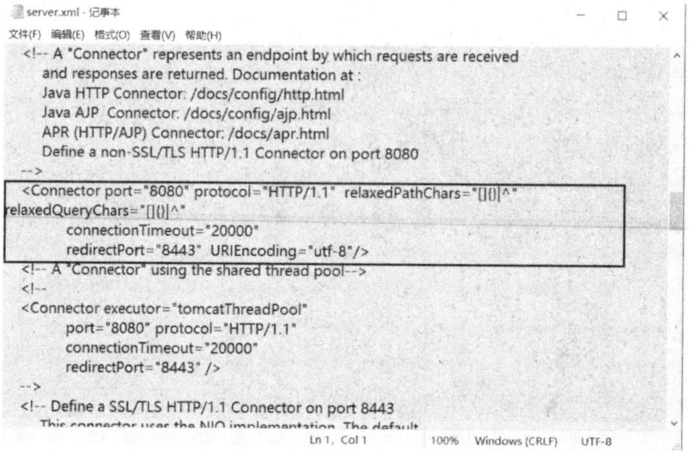

图 1.15 Tomcat 修改端口设置

1.2.3 在 Tomcat 中发布一个 Web 应用

在 webapps 里面新建一个工程文件夹，文件夹命名为 tangfubin。新建配置文件 WEB-INF 和静态网页资源，如图 1.16 所示。

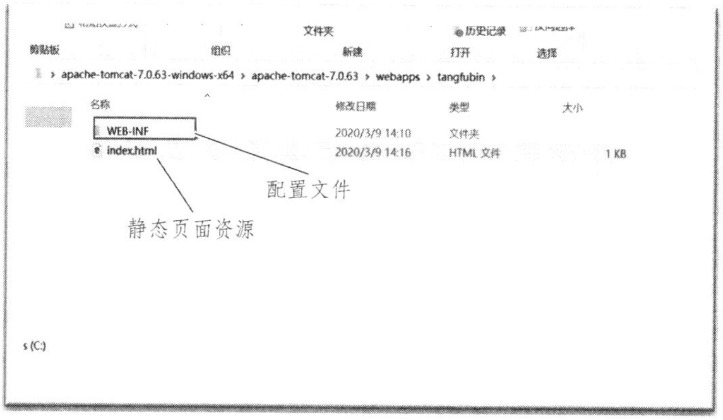

图 1.16 在 Tomcat 中发布应用

观察启动日志，可以看见项目启动情况，如图 1.17 所示。

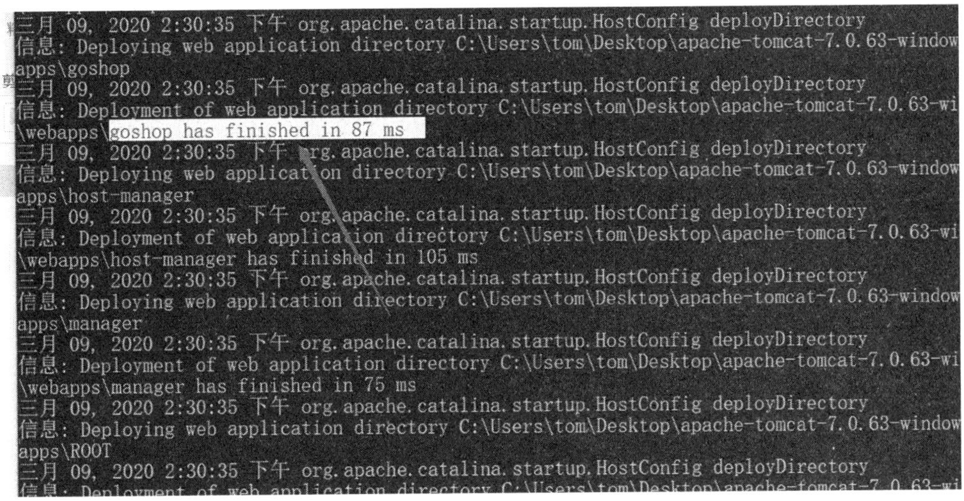

图 1.17　Tomcat 项目启动界面

1.3　Eclipse 集成开发工具的安装和使用

Eclipse 是一个开放源代码的、基于 Java 的可扩展开发平台，是一个框架和一组服务，用于通过插件、组件构建开发环境。本书推荐大家使用的是 Eclipse，附带了一个标准的插件集，包括 Java 开发工具（Java Development Kit，JDK）。

1.3.1　Eclipse 的安装

从官网上下载 Eclipse 安装包，要注意与操作系统的位数相同。下载地址为：https://www.eclipse.org/downloads/，双击安装文件执行安装即可，如图 1.18 所示。也可以下载 zip 格式文件，解压即可使用。

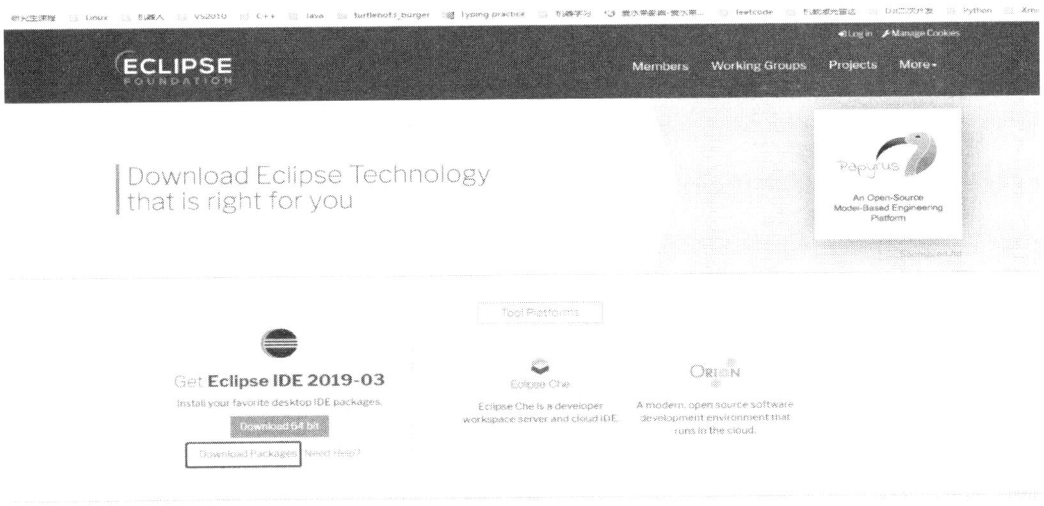

图 1.18　Eclipse 官方网站

1.3.2　Eclipse 的字体风格设置

在最上面的工具栏里找到 Windows 下的 Preferences，在弹出窗口中找到并依次点击“General”（常规）→“Appearance”（外观）→“Colors and Fonts”（颜色和字体），打开颜色和字体，在右侧的字体编辑菜单中找到第一项“Basic”（基本）→“Text Font”（文字字体）→“Edit”（编辑），点击编辑按钮，打开字体编辑菜单，如图 1.19 所示。

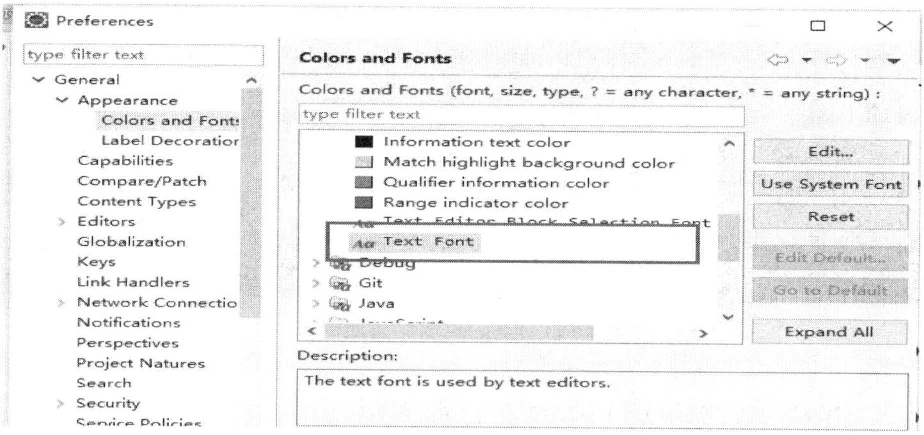

图 1.19　Eclipse 字体风格设置

1.3.3　在 Eclipse 中集成 Tomcat 9 服务器

打开 Eclipse，单击“Window”菜单，选择下方的“Preferences”。找到“Server”下方的“Runtime Environment”，如图 1.20 所示。

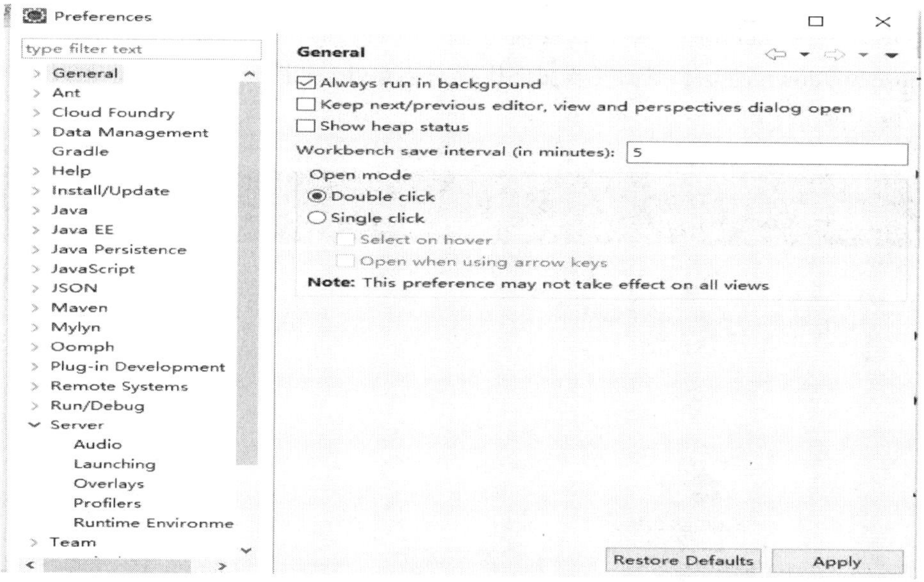

图 1.20　在 Eclipse 中添加运行环境

单击右方的“Add”按钮，如图 1.21 所示。

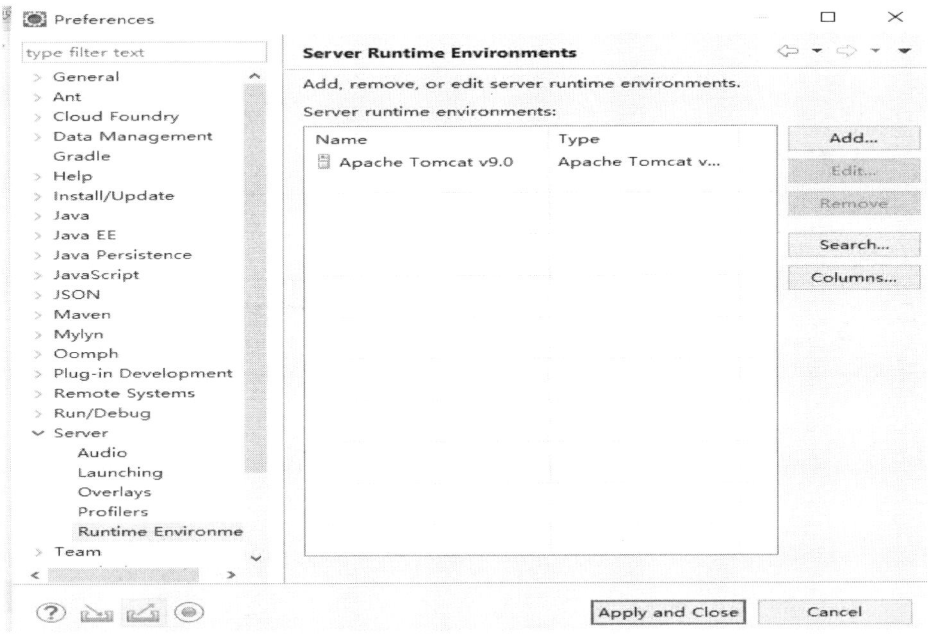

图 1.21　在 Eclipse 中添加 Tomcat 9

选择成功安装的 Tomcat 版本（本书以 Tomcat 9 为例），如图 1.22 所示。

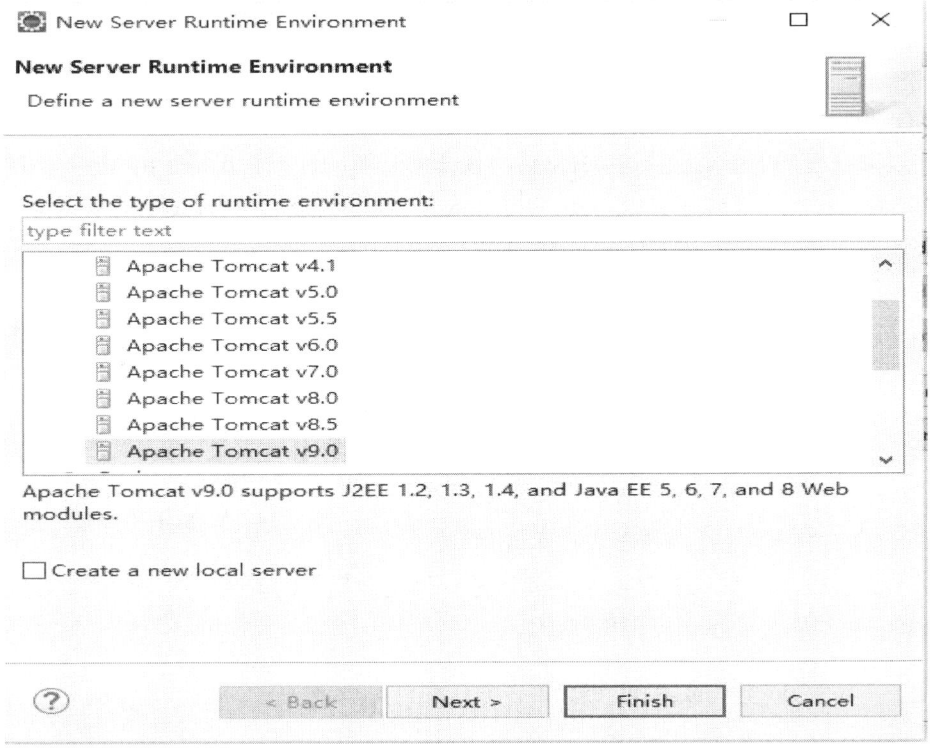

图 1.22　在 Eclipse 中选择 Tomcat 9

选择 Tomcat 的安装路径和 jre 版本号，点击“finish”完成集成，如图 1.23 所示。

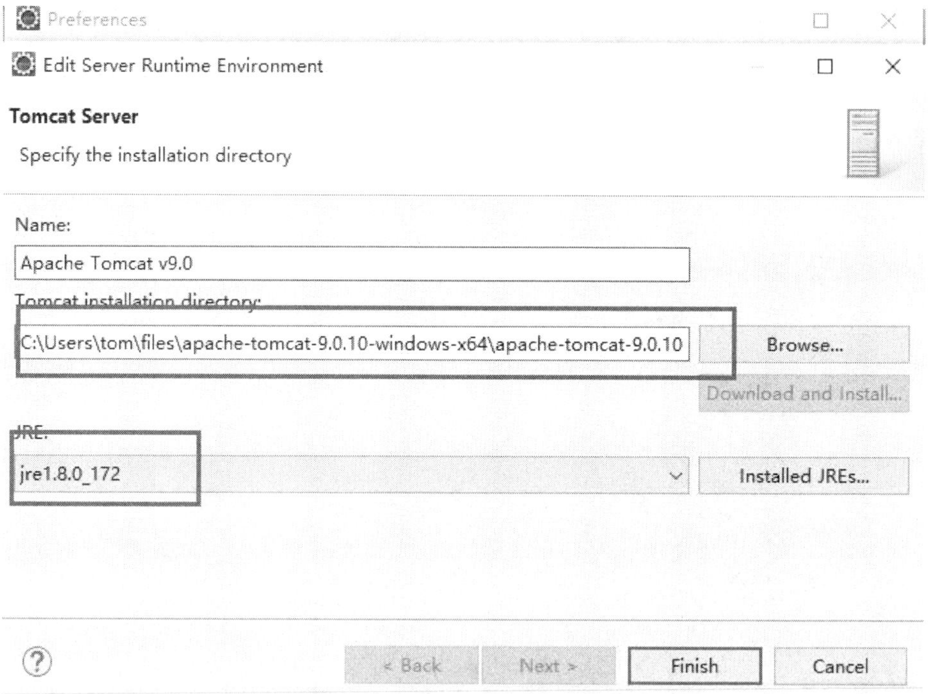

图 1.23　在 Eclipse 中集成 Tomcat 9 服务器

1.4　MySQL5.7 的安装和使用

MySQL 是一款安全、跨平台、高效的，并与 PHP、Java 等主流编程语言紧密结合的数据库系统。该数据库系统是由瑞典的 MySQL AB 公司开发、发布并支持，由 MySQL 的初始开发人员 David Axmark 和 Michael Monty Widenius 于 1995 年建立。MySQL 的象征符号是一只名为 Sakila 的海豚（见图 1.24），代表着 MySQL 数据库的速度、能力、精确和优秀本质。

图 1.24　MySQL 的象征符号

目前 MySQL 被广泛地应用在互联网上的中小型网站中。由于其体积小、速度快、总体拥有成本低，尤其是开放源码这一特点，使得很多公司都采用 MySQL 数据库以降低成本。MySQL 数据库可以称得上是目前运行速度最快的 SQL 语言数据库之一。除了具有许多其他数据库所不具备的功能外，MySQL 数据库还是一种完全免费的产品，用户可以直接通过网络下载 MySQL 数据库，而不必支付任何费用。

1.4.1　MySQL 5.7 的下载

访问官方网站 https://www.mysql.com/，点击 MySQL Community Server,进入下载界面，找到 MySQL Community Server 5.7 这一链接，点击进入，根据计算机的版本选择下载对应的 zip 文件，也可以下载 exe 安装文件。本章以 zip 文件为例，操作步骤如图 1.25 ~ 图 1.28 所示。

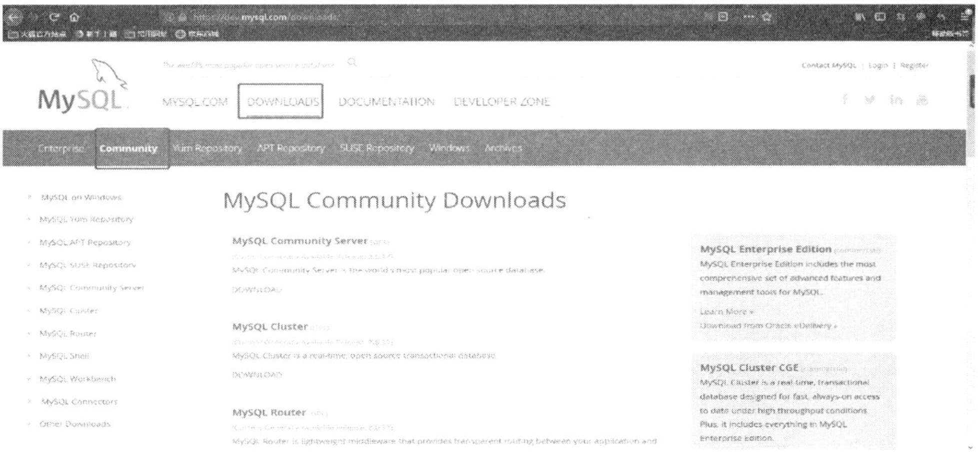

图 1.25　MySQL 官方网站

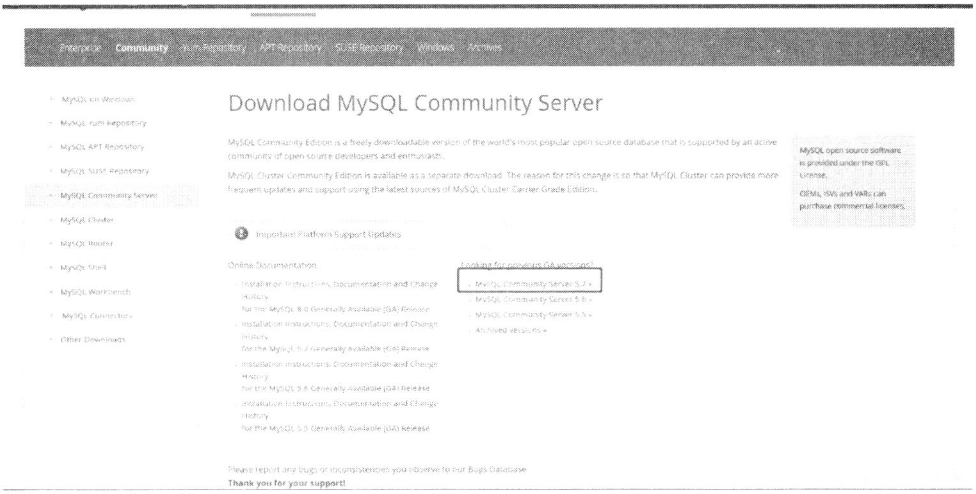

图 1.26　MySQL 下载地址

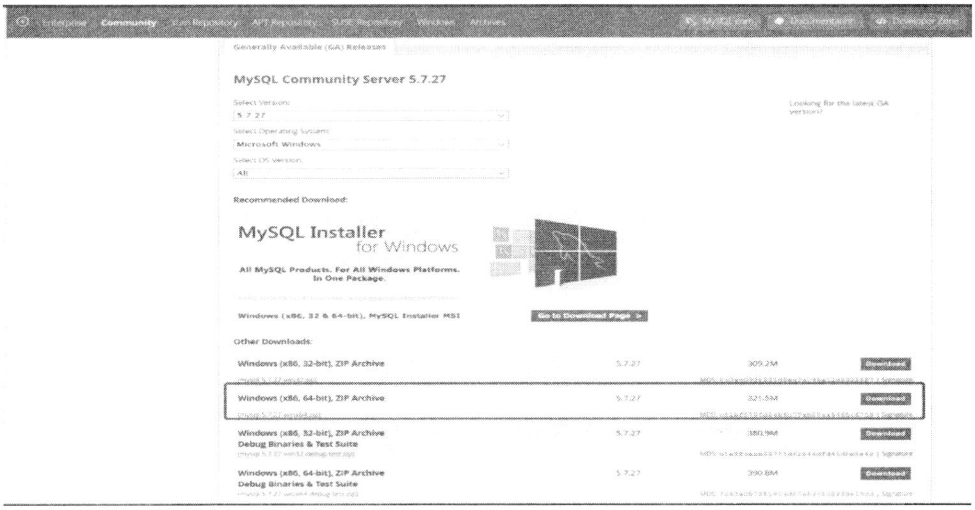

图 1.27　MySQL 下载版本

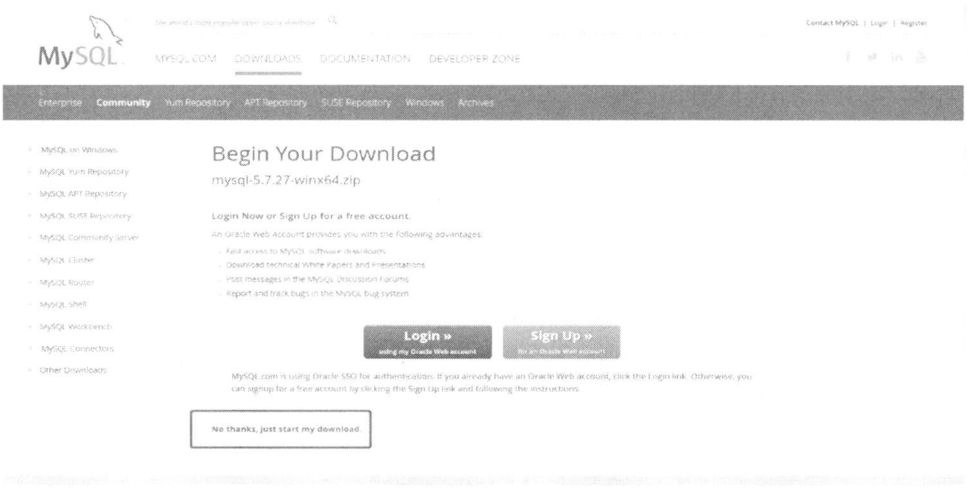

图 1.28　MySQL 下载

1.4.2　MySQL 5.7 免安装版的配置

新建变量名为“MYSQL_HOME”的系统变量，添加 mysql-5.7.27-winx64 文件夹所在位置 E:\Program Files\Mysql\mysql-5.7.27-winx64，如图 1.29 所示。

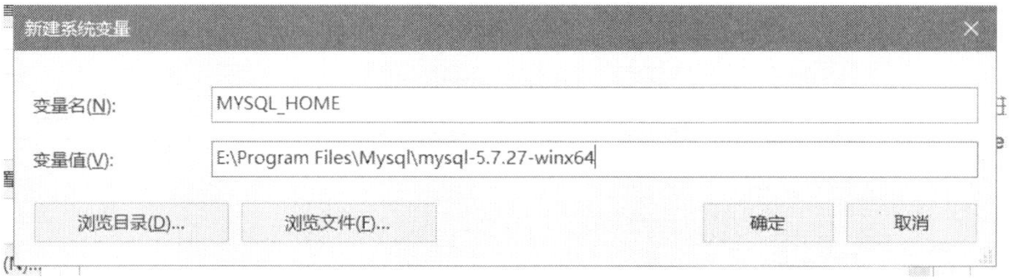

图 1.29　MySQL 免安装版的配置

编辑 Path，复制;%MYSQL_HOME%\bin 到原有值的后面，如图 1.30 所示。

图 1.30　MySQL 免安装版的 Path 配置

1.4.3　配置 my.ini 文件

在 mysql-5.7.27-winx64 目录下新建 my.ini 文件，本书是在 E:\Program Files\Mysql\mysql-

5.7.27-winx64 目录下新建，my.ini 文件的内容如图 1.31 所示。

```
[mysqld]
#端口号
port = 3306
#mysql-5.7.27-winx64 的路径
basedir=E:\Program Files\Mysql\mysql-5.7.27-winx64
#mysql-5.7.27-winx64 的路径+\data
datadir=E:\Program Files\Mysql\mysql-5.7.27-winx64\data
#最大连接数
max_connections=200
#编码
character-set-server=utf8
default-storage-engine=INNODB
sql_mode=NO_ENGINE_SUBSTITUTION,STRICT_TRANS_TABLES
```

图 1.31　my.ini 文件内容

1.4.4　MySQL 的安装

在输入框内输入 cmd，注意要以管理员的身份运行，否则在安装过程中会出现因为管理权限不够而导致的 Install/Remove of the Service Denied!（安装/卸载服务被拒绝）。在 cmd 中进入 E:\Program Files\Mysql\mysql-5.7.27-winx64\bin 目录，如图 1.32 所示。

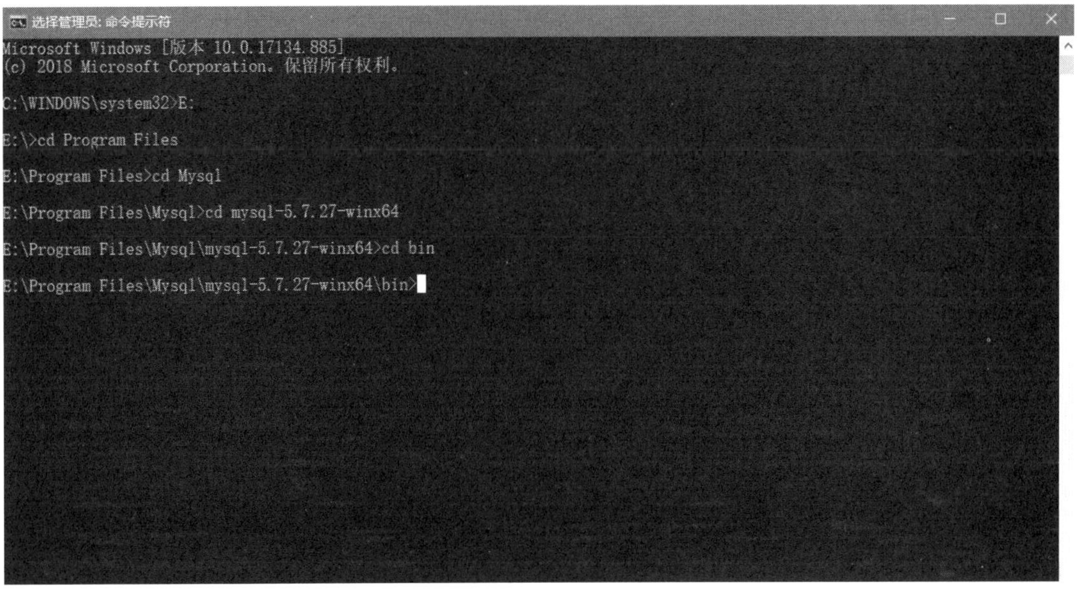

图 1.32　进入目录

输入安装命令：mysqld -install，若出现 Service successfully installed，则证明安装成功；如出现 Install of the Service Denied，则说明没有以管理员权限来运行 cmd，如图 1.33 所示。

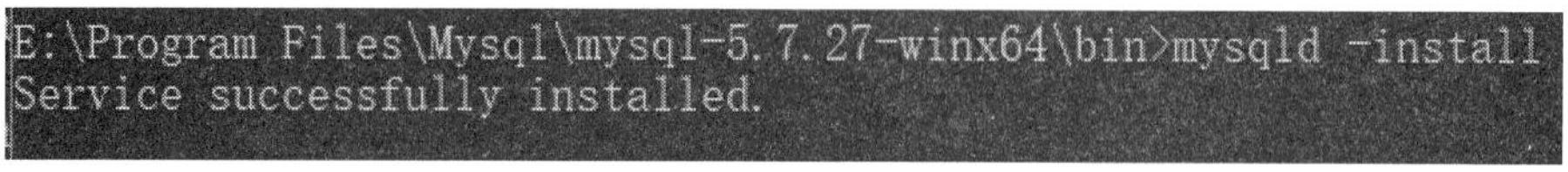

图 1.33　安装成功

然后继续输入命令：mysqld --initialize，此时不会有任何提示，如图 1.34 所示。

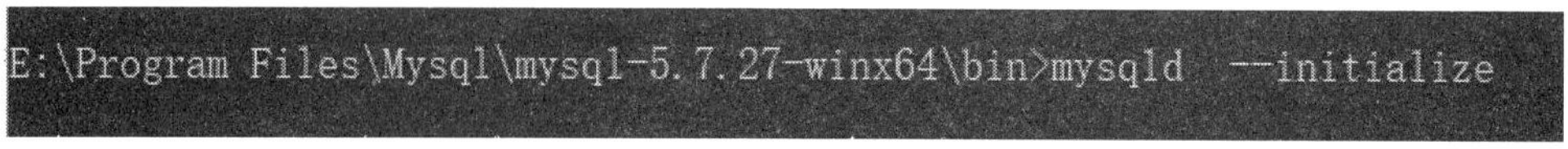

图 1.34　继续输入命令

再输入启动命令：net start mysql，若出现以下提示，则证明 MySQL 启动成功，如图 1.35 所示。

图 1.35　启动成功

1.4.5　MySQL 的密码设置

设置密码主要是为了解决：ERROR 1045 (28000): Access denied for user 'root'@'localhost' (using password: NO)的错误。

输入命令行 net stop mysql，停止 MySQL 服务，如图 1.36 所示。

图 1.36　停止服务

在 E:\Program Files\Mysql\mysql-5.7.27-winx64 目录下找到 my.ini，在[mysqld]字段下任意一行添加 skip-grant-tables，保存文件，如图 1.37 所示。

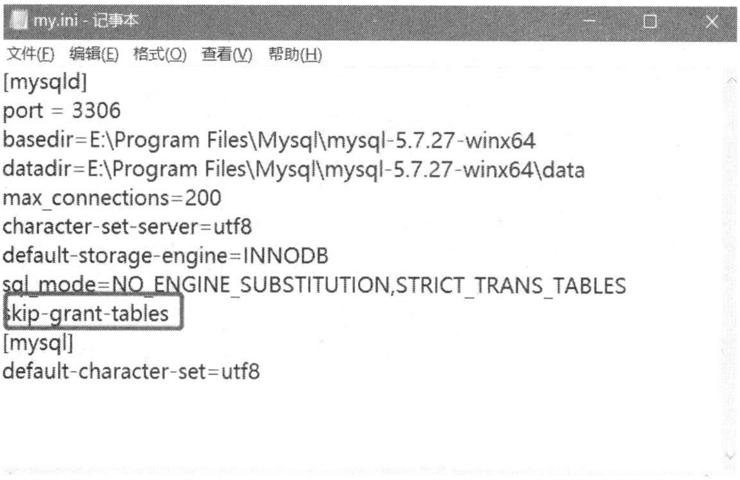

图 1.37　保存配置文件

重启 MySQL，输入启动命令：net start mysql，若出现以下提示，则证明 MySQL 启动成功，如图 1.38 所示。

图 1.38　启动服务

输入命令 mysql -u root -p，不需要输入密码，直接回车即可，如图 1.39 所示。

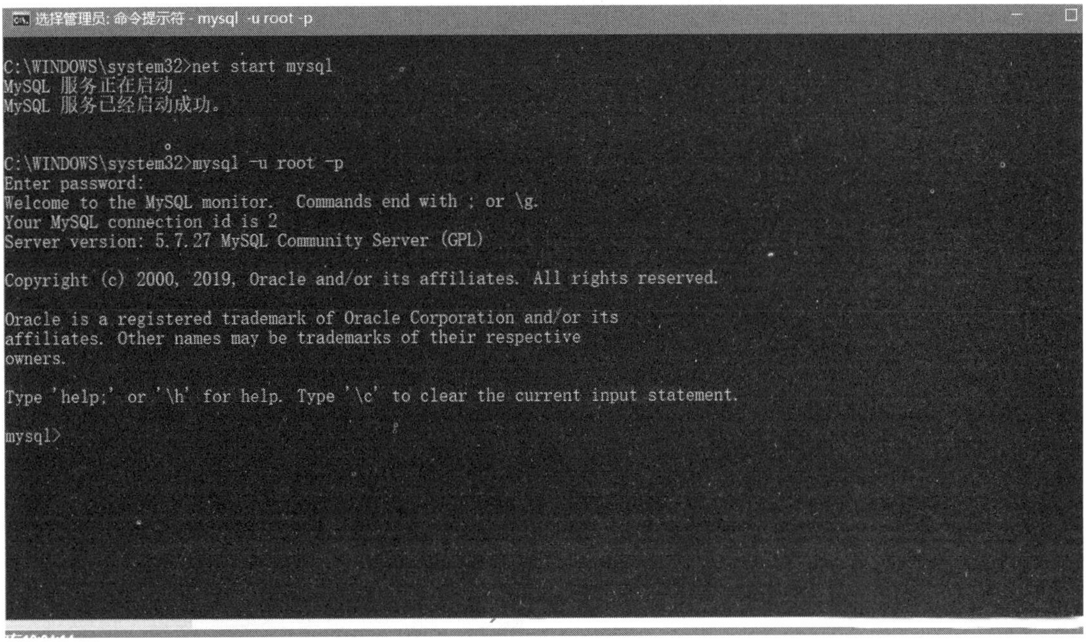

图 1.39　登录界面

输入命令行 use mysql，进入数据库。输入命令行 update user set authentication_string= password("xxxxxx") where user="root";xxxxxx 是设置的新密码，敲击回车后若出现以下信息，则证明修改成功，如图 1.40 所示。

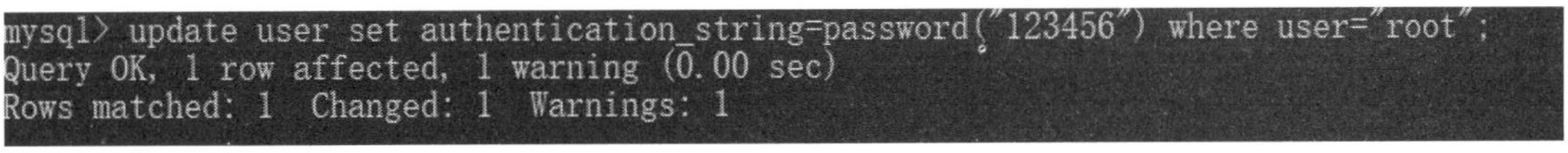

图 1.40　命令行方式修改密码

最后验证密码是否设置成功。手动停止 MySQL 服务，在 Win10 搜索栏内输入服务，找到 MySQL。单击鼠标右键，然后单击停止，在刚刚的 my.ini 文件中删除 skip-grant-tables 这一行，保存后关闭。再次启动 cmd（管理员身份），输入启动命令：net start mysql，再输入 mysql -u root-p，再输入刚刚设置的密码，若出现以下信息，则证明设置成功，如图 1.41 所示。

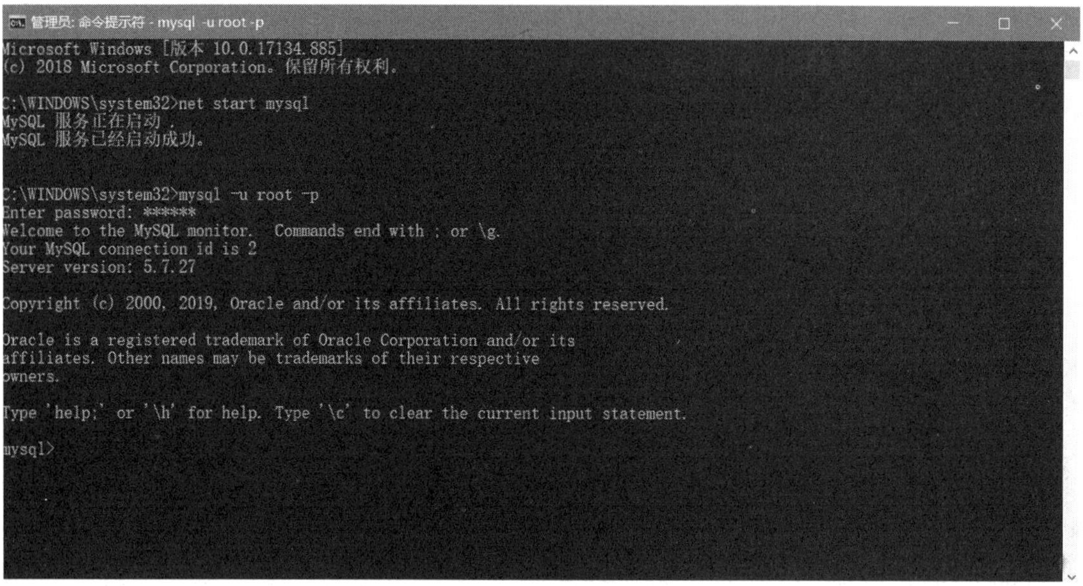

图 1.41　命令行方式修改密码成功界面

1.5　Navicat for MySQL 的安装

Navicat for MySQL 是一款强大的 MySQL 数据库管理和开发工具，它为专业开发者提供了一套强大的可视化数据库工具，对于新用户来说易于学习。

在官方网站下载安装软件进行安装，进入安装界面，如图 1.42 所示。

图 1.42　安装界面

点击“下一步”进入许可证选择界面，如图 1.43 所示。

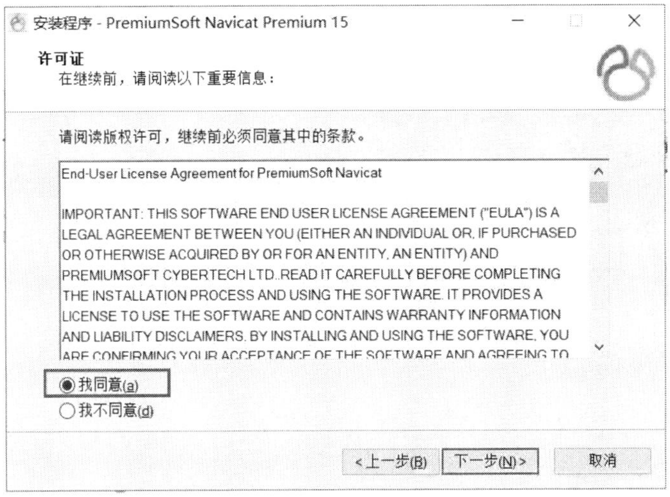

图 1.43　许可证界面

点击“下一步”进入选择安装路径界面，如图 1.44 所示。

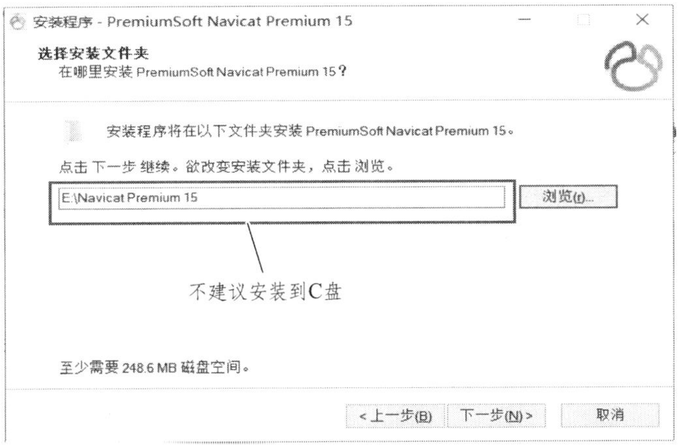

图 1.44　选择安装文件夹界面

单击“下一步”进入选择创建快捷方式界面，如图 1.45 所示。

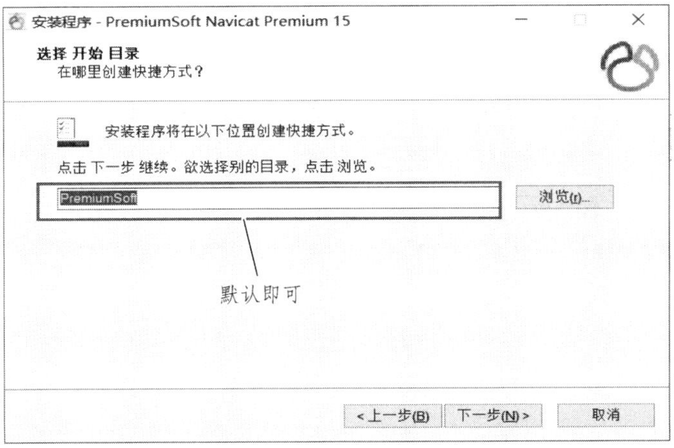

图 1.45　创建快捷方式界面

单击“下一步”进入选择额外任务界面，如图 1.46 所示。

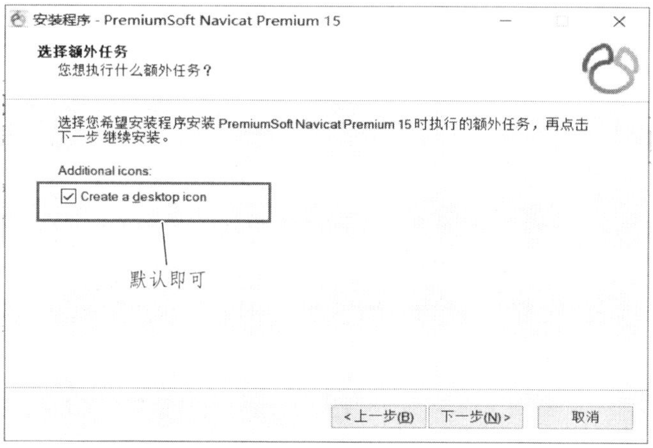

图 1.46　选择额外任务界面

单击“下一步”进入准备安装界面，如图 1.47 所示。

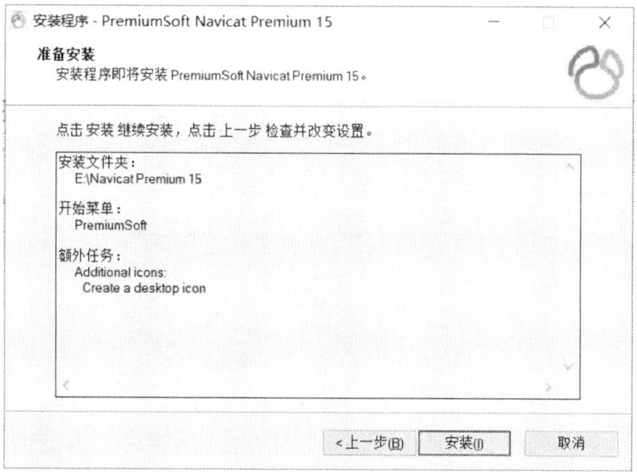

图 1.47　准备安装界面

安装成功界面如图 1.48 所示。

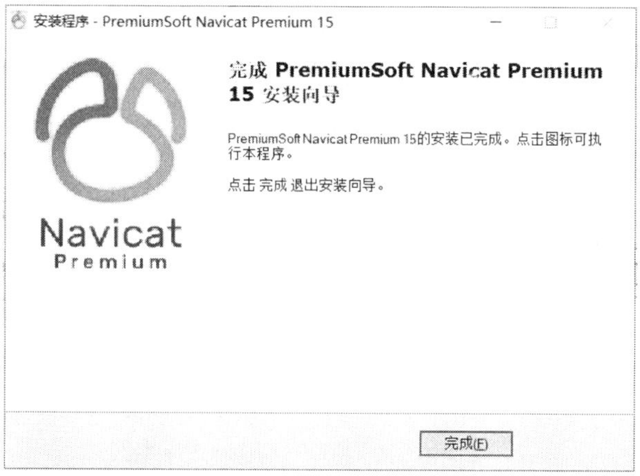

图 1.48　安装成功界面

本章小结

本章详细讲解了 Java Web 统一开发环境配置，在配置过程中，需要先进行 JDK 的安装和环境变量的设置，其他软件的安装无先后顺序。

思考与提高

1. Java Web 有无其他优秀的开发集成环境？
2. Java Web 有无其他的第三方数据库软件？

第 2 章　HTTP

HTTP（Hypertext Transfer Protocol，超文本传输协议）是一种应用层的传输协议，主要通过 TCP 网络数据包进行传输。它是基于 TCP（传输控制协议）的协议，是客户端和服务端进行数据传输的一种规则，其定义了客户端和服务器的数据交换过程及数据交换的格式。HTTP 还是一种无状态协议，HTTP 本身不会对发送过的请求和相应的通信状态进行持久化处理。其目的是保持 HTTP 的简单性，从而能够快速处理大量的事务，提高效率。在 Java Web 开发中，深入理解 HTTP 有着重要的作用和意义。

2.1　HTTP 概述

HTTP 是一种网络资源传输的协议，比如网页文档、网络视频、图片等都可以通过该协议获取，是当今 Web 服务的基础。

HTTP 出现于 1990 年代早期，多年来已经更新了许多内容，现在主流的版本是 HTTP 1.1。HTTP 的扩展性很好，它不仅仅可用于获取 HTML 文档，也可以上传信息（如 HTML 表单）或资源到服务器。我们通常把获取称为 GET，上传称为 POST。图 2.1 所示为传输示意图。

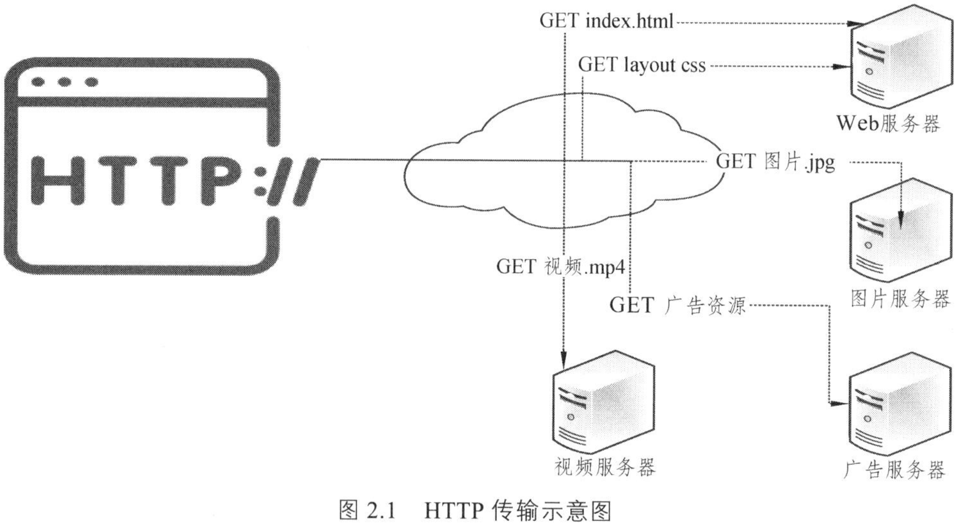

图 2.1　HTTP 传输示意图

2.1.1　HTTP 传输原理和特点

HTTP 是一种 C/S（客户端/服务器）的协议，由客户端发起请求，称为 Request，通常是浏览器作为客户端，但是客户端不仅仅是浏览器，比如网络爬虫程序也是一种客户端。每个请求发送到服务器端（Web 服务器），由服务器做出响应，称为 Response。

在互联网上，大多数情况下客户端和服务器之间并不是直接连接的，它们之间可能会存在许多代理（Proxy），如把不同的请求转发给不同的服务器、缓存资源等用途。实际的网络情况会很复杂，不用关心数据在网络中是如何传输的，HTTP 的使用与网络基础环境无关。图

2.2 所示为一次请求的数据流程图。

HTTP 有以下特点：

（1）支持客户/服务器模式。

（2）简单快速：客户向服务器请求服务时，只需传送请求方法和路径。请求方法常用的有 GET、HEAD、POST。每种方法规定了客户与服务器联系的类型不同。由于 HTTP 简单，使得 HTTP 服务器的程序规模小，因而通信速度很快。

（3）灵活：HTTP 允许传输任意类型的数据对象。正在传输的类型由 Content-Type 加以标记。

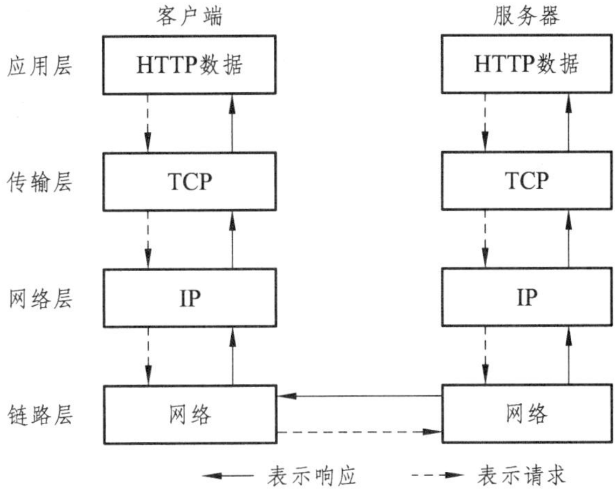

图 2.2 一次 HTTP 请求的过程

（4）无连接：无连接的含义是限制每次连接只处理一个请求。服务器处理完客户的请求，并收到客户的应答后，即断开连接。采用这种方式可以节省传输时间。早期这么做的原因是请求资源少，追求快。后来通过 Connection: Keep-Alive 实现长连接。

（5）无状态：HTTP 是无状态协议。无状态是指协议对于事务处理没有记忆能力。缺少状态意味着如果后续处理需要前面的信息，则它必须重传，这样可能导致每次连接传送的数据量增大。另一方面，在服务器不需要先前信息时它的应答就较快。

2.1.2 HTTP 的版本及区别

HTTP 发展至今共经历了 4 个版本，分别是 HTTP0.9 版、HTTP1.0 版、HTTP1.1 版和 HTTP2.0 版，HTTP0.9 特点是只有一个 GET 命令，没有 Header 等描述数据的信息，服务器发送完就关闭 TCP 连接。这些在 HTTP1.0 得到了改进，并增加了 Status Code 和 Header，增加了多字符集支持，增加了多部分发送、权限、缓存等。但是随着互联网技术的发展，HTTP1.0 的不足之处变得很明显，反复地建立和关闭 TCP 连接，增加了服务器开销。HTTP1.1 可保持持久连接，增加 HOST 及其他一些命令，因此是目前主流的协议版本。HTTP2.0 最大的特点是所有数据以二进制传输，可以并行发送数据（见表 2.1）。

表 2.1 HTTP 不同版本的区别

版本	1.0	1.1	2.0
长连接	需要使用 keep-alive 参数来告知服务端建立一个长连接	默认支持	默认支持
HOST 域	不支持	支持	支持
多路复用	不支持	—	支持
数据压缩	不支持	不支持	使用 HAPCK 算法对 Header 数据进行压缩，使用数据体积变小，传输更快
服务器推送	不支持	不支持	支持

2.1.3 HTTP 消息

浏览器是如何使用 HTTP 与服务器进行通信的呢？这是 HTTP 消息的功能，HTTP 消息分为请求消息和响应消息，可以打开浏览器的开发者工具，观察整个通信过程，大部分浏览器点击 F12 键可以调出工具界面。这里以火狐浏览器为例。为了显示一个页面，浏览器首先发起一个请求，点击网络栏，刷新页面，可以看到出现了多条数据，如图 2.3 所示。

图 2.3　调试工具界面

点击第一条数据，右边显示了许多内容，就可以看出请求的消息详情。这些消息显示了整个请求和响应的关键信息，如请求的方法是 GET、使用的 HTTP 版本是 1.1、服务端响应的状态是 403 等。接着可以看出发起的请求信息，如 User-Agent 标明了客户端的信息（Windows 系统、火狐浏览器等），以及服务器端响应的信息内容，其中如 Content-Type 标明了返回的内容是 HTML 文档，使用的字符编码是 UTF-8，Server 标明了服务端使用 Apache 作为 Web 服务器，如图 2.4 所示。

图 2.4　消息头信息

2.2 HTTP 请求消息

HTTP 请求消息是明文的，可以直接从数据中读取。浏览器把原始消息转换成了方便识别的格式。在请求消息中需要掌握一些常见的术语：

（1）请求方式：常用的有 GET、POST、HEAD、OPTION 等方法。

（2）路径：指定要获取的资源，格式是 URL 地址中去掉表示服务端信息的部分，如一个网络资源 URL 地址是 http://192.168.223.214/example.jpg，那么这里的路径就应该写成/example.jpg。

（3）协议版本：HTTP 的版本。

（4）头部：头部信息中可以有许多额外的信息，就像定义变量一样，以键值对的形式呈现。

（5）主体：这部分信息在头部之后，不是所有的方法都有这部分内容，比如 POST 方法，我们需要提交信息给服务端，就可以把信息内容放在这部分。

2.2.1 HTTP 请求行

请求行位于请求消息的第一行，由请求方式、请求的资源地址、HTTP 版本三个部分构成，如图 2.5 所示。

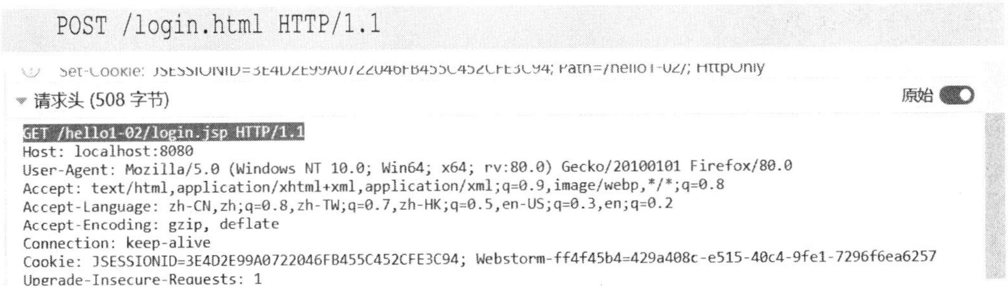

图 2.5 请求消息头

2.2.2 HTTP 请求方式

（1）GET：用于请求资源，该方法请求信息中没有主体部分，信息的传输可以通过 URL 进行，如 http://192.168.223.214/index.html?id=zhangsan，可以把 ID 的值传给服务器获取。但是 URL 有长度限制，所以该方法能传递的信息是有限的，并且安全性较低。

（2）POST：用于传输信息给服务器，该方法是传输数据的主流方式。

（3）PUT：传输文件，请求主体中包含文件内容，保存到对应位置。

（4）HEAD：请求获得头部信息，与 GET 方法类似，只是响应信息不返回主体部分，一般用于验证资源是否有效。

（5）DELETE：删除文件，与 PUT 方法相反，删除对应位置的文件。

（6）OPTIONS：查询相应资源支持的 HTTP 方法。

2.2.3 HTTP 请求消息头

HTTP 请求消息头，位于 HTTP 请求行之后，主要用于向服务器传递附加消息，如客户端运行接收的媒体类型、发送请求的超链接所属页面 URL 地址等。请求头一般由头字段和值构成。

常见请求消息头类型：

Accept：指定客户端运行接收的媒体类型。

Accept-Encoding：客户端压缩解码类型。

User-Agent：给服务器声明是什么浏览器、什么版本、什么操作系统。

Referer：直接地址栏输入，就没有这个属性，超级链接就有这个属性。当前 URL 是从哪个具体 URL 链接过来的（上一个链接）。追踪网页访问者的来源，如果是恶意网站就可以阻止或者屏蔽它。

If match：网络缓存机制，提示网络访问速度。

2.3 HTTP 响应消息

服务器端收到请求后，会回送响应消息给客户端，一个完整的响应消息由响应状态行、响应消息头和主体内容三个部分组成。响应状态行包括：协议版本，即 HTTP 的版本；状态码表示请求的结果，如 200 代表成功，404 代表未找到资源；状态信息，即状态码的简要描述。响应消息头：用于对一些基本信息的描述。主体：该部分和请求信息一样，是可选的，根据不同的响应，会提供不同的内容。

2.3.1 响应状态行

响应状态行位于响应消息的第一行，例如：

```
http/1.1 200 ok
```

2.3.2 响应消息头

响应消息头位于响应状态行后，其作用是向客户端传递附件信息，如服务程序名、被请求资源的认证方式、客户端请求资源的修改时间等信息，格式同 HTTP 请求头的信息。

响应消息头类型：

Server：服务器软件名称。

Accept-range：是否支持客户端请求资源。

Age：缓存时间。

Etag：实体内容标记信息，实现 HTTP 缓存机制 if-match。

Location：与 302 状态码配合，引向另一个资源。

2.3.3 常见的响应状态码

例如，当我们发现请求回来的信息是如图 2.6 所示的信息，应该怎么处理呢？可以通过查询状态码错误信息迅速找到错误原因。

图 2.6 响应状态码

以下对状态码和状态信息进行详细说明：

1××：信息类（Information），表示收到 Web 浏览器请求，正在进一步的处理中。

2××：成功类（Successful），表示用户请求被正确接收、解析和处理。例如，200 OK。

3××：重定向类（Redirection），表示请求没有成功，客户必须采取进一步的动作。

4××：客户端错误（Client Error），表示客户端提交的请求有错误。找不到服务器文件。

5××：服务器错误（Server Error），表示服务器不能完成对请求的处理。服务器文件错误。

100：告诉客户端继续请求。

200：请求被正常处理。

204：请求被受理但没有资源可以返回。

206：客户端只是请求资源的一部分，服务器只对请求的部分资源执行 GET 方法，相应报文中通过 Content-Range 指定范围的资源。

301：永久性重定向。

302：临时重定向。

303：与 302 状态码有相似功能，只是它希望客户端在请求一个 URI 的时候，能通过 GET 方法重定向到另一个 URI 上。

304：发送附带条件的请求时，条件不满足时返回，与重定向无关。

307：临时重定向，与 302 类似，只是强制要求使用 POST 方法。

400：请求报文语法有误，服务器无法识别。

401：请求需要认证。

403：请求的对应资源禁止被访问。

404：服务器无法找到对应资源。

415 请求消息中实体内容的格式不被服务器支持。

500：服务器内部错误。

503：服务器正忙。

2.4 调试工具——FireBug

HTTP 通信过程中，需要查看各种消息，以及数据等操作，这就离不开一个重要的调试工具——FireBug。FireBug 还可以用于网站前端开发的调试，它是 FireFox 浏览器的一个扩展插件。它可以用于调试 JavaScript、查看 DOM、分析 CSS、监控网络流量以及进行 Ajax 交互等。它还提供了几乎前端开发需要的全部功能。

安装完成之后，在 Firefox 浏览器的地址后方就会有一个小虫子的图标。单击该图标后即可展开 FireBug 的控制台，也可以通过快捷键 F12 来打开控制台。使用 Ctrl+F12 快捷键可以使 FireBug 独立打开一个窗口而不占用 Firefox 页面底部的空间，如图 2.7 所示。

图 2.7 FireBug 调试界面

控制台面板：用于记录日志、概览、错误提示和执行命令行，同时也用于 Ajax 的调试。

HTML 面板：用于查看 HTML 元素，可以实时地编辑 HTML 和改变 CSS 样式，它包括 3 个子面板，分别是样式、布局和 DOM 面板。

CSS 面板：用于查看所有页面上的 CSS 文件，可以动态地修改 CSS 样式，由于 HTML 面板中已经包含一个 CSS 面板，因此该面板将很少用到。

脚本面板:用于显示 JavaScript 文件及其所在的页面,也可以用来显示 JavaScript 的 Debug 调试，包含 3 个子面板，分别是监控、堆栈和断点。

DOM 面板：用于显示页面上的所有对象。

网络面板：用于监视网络活动，可以帮助查看一个页面的载入情况，包括文件下载所占用的时间和文件下载出错等信息，也可以用于监视 Ajax 行为。

本章小结

本章详细讲解 HTTP，HTTP 是客户端和服务器端通信的重要渠道，深入了解此协议，掌握 HTTP 消息的结构和内容，对于 Java Web 的开发有着重要的指导作用。

思考与提高

1. 简述 HTTP 请求响应的工作原理及 HTTP 请求响应报文格式。
2. 当我们输入 www.baidu.com 会发生什么?

第 3 章　JSP 的基本语法

JSP（Java Server Pages）是 SUN 公司在 1996 年 6 月发布的用于开发动态 Web 应用的一项技术。JSP 是基于 Java Servlet 的 Web 开发技术，由于其所具有的简单易学和跨平台等的特性，使其在各种动态 Web 程序的设计语言中脱颖而出。它具有一套完整的语法规范，目前已经成为 Web 开发中的主流选择。

3.1　JSP 概述

3.1.1　JSP 的定义

JSP 是在 HTML 代码中嵌入 Java 代码片段（Scriptlet）和 JSP 标签，构成了 JSP 网页。JSP 部署于网络服务器上，可以响应客户端发送的请求，并根据请求内容动态地生成 HTML、XML 或其他格式文档的 Web 网页，然后返回给请求者，客户端的浏览器将呈现最终页面效果。

3.1.2　JSP 的运行原理

作为一种服务器端的页面开发技术，JSP 运行在服务器中，当客户端访问 JSP 页面时，服务器的处理过程如图 3.1 所示。

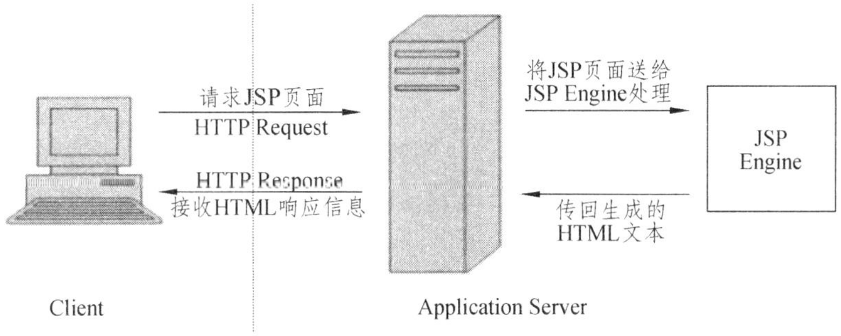

图 3.1　JSP 的运行原理

从图 3.1 中可以看出 JSP 的运行原理：

第一步：客户端向服务器发送请求，访问 JSP 页面。

第二步：JSP 引擎（本身也是一个 Servlet）检索对应的 JSP 页面，如果该 JSP 页面是第一次被请求，则会将 JSP 文件中的静态数据（HTML 文本）和动态数据（Java 元素）转换成一个 Java 源文件。

第三步：JSP 引擎通过 Javac 把该 Java 源文件编译成相应的.class 文件，并将该.class 文件加载到内存中，根据用户的请求生成 HTML 格式的响应内容，服务器将响应内容发送回客户端。

3.1.3　JSP 的基本结构

JSP 页面就是带有 JSP 元素的常规 Web 页面，由模板文本和 JSP 元素组成。模板文本主要是指 HTML 代码，它的内容是固定的，既不会控制程序的流程，也不会影响程序运行结果。JSP 元素是指 JSP 中的 Java 代码部分，它能够影响程序的流程。JSP 的基本结构如下：

HTML 标记语言：定义了网页内容的显示格式。

CSS：层叠样式表(Cascading Style Sheets)，控制整个页面的样式和布局。

Java 代码段：在 JSP 页面中可以嵌入 Java 程序代码片段，代码段包含在<%%>标签中。

JSP 动作标签和指令：指令一般位于 JSP 文件的首行，JSP 动作标签是 JSP 中标签的一种，它们都使用“jsp:”开头。

3.2 JSP 脚本

脚本元素是 JSP 中使用最频繁的元素，通过 JSP 脚本元素将 Java 代码段添加到 JSP 页面中。JSP 脚本元素包括脚本片段、表达式、声明和注释。

3.2.1 JSP 脚本片段

JSP 代码段是在 JSP 页面中，放在“<%”和“%>”标记之间，符合 Java 语言规范的代码片段，其语法如下：

```
<% Java 代码 %>
```

3.2.2 JSP 表达式

JSP 表达式：用于将已经声明的变量或者表达式输出到网页上面。由于网页中显示的文字都是字符串，故表达式的最终运算结果将被转换为字符串类型。JSP 表达式的语法格式如下：

```
语法格式<%= 表达式 %>
```

3.2.3 JSP 声明

JSP 声明：声明脚本于在 JSP 页面中定义全局（即整个 JSP 页面都需要引用的）成员变量或方法，它们可以被整个 JSP 页面访问，在 JSP 页面初始化时进行初始化，其语法格式如下：

```
<%! 声明成员变量或方法 %>
```

3.2.4 JSP 注释

JSP 页面由 HTML、JSP、Java 脚本等组成，故其中可以使用多种注释格式，主要有 HTML 注释、JSP 注释、动态注释和代码注释。

（1）HTML 注释：HTML 语言的注释不会被显示在网页中，但是在浏览器中选择查看网页源代码时，还是能够看到注释信息，其语法格式如下：

```
<!--注释文本 -->
```

（2）JSP 注释：JSP 注释是被服务器编译执行的，注释信息不会被发送到客户端，在浏览器中查看网页源代码时也看不到注释内容，其语法格式如下：

```
<%-- 注释文本 --%>
```

（3）动态注释：由于 HTML 注释对 JSP 嵌入的代码不起作用，因此可以利用它们的组合构成动态的 HTML 注释文本，其语法格式如下：

```
<!--<%=JSP 表达式%>-->
```

此处 JSP 表达式的值将作为 HTML 的注释文本。

（4）代码注释：JSP 页面支持嵌入的 Java 代码，这些 Java 代码的语法和注释方法都与 Java 类的代码相同，因此可以使用 Java 的代码注释格式，其语法格式如下：

```
<%//单行注释%>
<%/*
多行注释*/
%>
```

3.3 JSP 指令元素

JSP 指令用来设置整个 JSP 页面相关的信息，JSP2.0 提供了 3 种不同的指令，分别定义了不同的属性。指令可以有很多属性，以键值对形式存在，中间用逗号隔开。

3.3.1 page 指令

page 指令是 JSP 页面最常用的指令，用于定义整个 JSP 页面的网页依赖属性，如脚本语言、error 页面、缓存需求等，这些属性在 JSP 被服务器解析成 Servlet 时会转换为相应的 Java 程序代码。page 指令的语法格式如下：

```
<%@page attribute1="value1" attribute2="value2" ……%>
```

page 指令包含的属性有 15 个，下面对一些常用的属性进行介绍。

language 属性：设置当前页面中编写 JSP 脚本使用的语言，默认值为 java，目前只可以使用 Java 语言，不过不排除增加其他语言。

例如：<%@page language="java" %>，如图 3.2 所示。

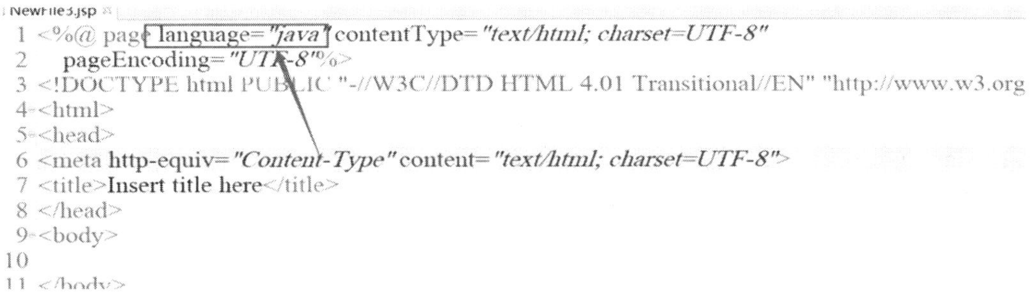

图 3.2 language 属性

contentType 属性：用于设置 JSP 页面的 MIME（Multipurpose Internet Mail Extensions）类型和字符编码，浏览器根据此项判断文档类型显示网页内容。常见类型有 text/html（网页）、text/plain（记事本）、jpg image、jpeg gif image、gif word application、msword，如：

```
<%@page contentType="text/html;charset=UTF-8"%>
```

import 属性：用来导入程序中要用到的包或类，可以有多个值，无论是 Java 核心包中自带的类还是用户自行编写的类，都要在 import 中引入，才能使用。JSP 中 import 是 page 的属性中唯一允许在同一文档中多次出现的属性。尽管 page 指令可以出现在文档中的任何地方，但一般不是将 import 语句放在文档顶部附近，就是放在相应的包首次使用之前。

import 属性的用法如下：

```
<%@page import="包名.类名"%>
```

如果想要导入包里的全部类，可以这样使用：

```
<%@page import="包名.*"%>
```

在 page 指令中可多次使用该属性来导入多个类，例如：

```
<%@page import="包名.类 1"%>
<%@page import="包名.类 2"%>
```

或者通过逗号间隔来导入多个类：

```
<%@page import="包名.类 1,包名.类 2"%>
```

使用如图 3.3 所示。

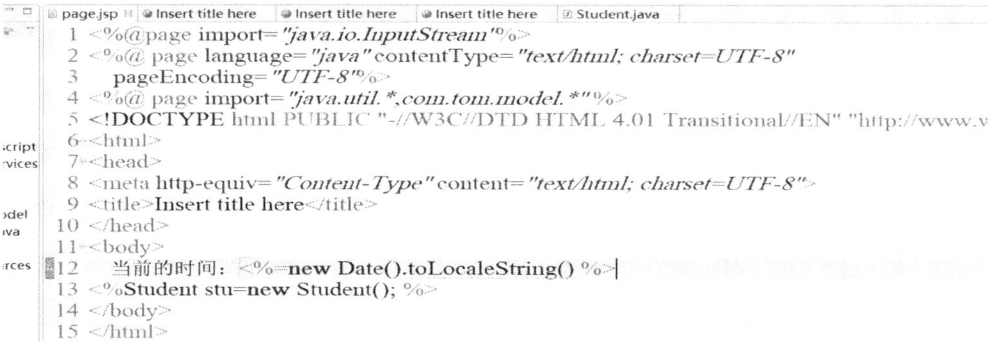

图 3.3　import 属性

info 属性：设置 JSP 页面的相关信息，如当前页面的作者、编写时间等。此值可设置为任意字符串，由 Servlet 接口的 getServletInfo()方法来获取所设置的值，如：

```
<%@page info= "页面相关信息"%>
```

extends 属性：指定将一个 JSP 页面转换为 Servlet 后继承的类。在 JSP 中通常不会设置该属性，JSP 容器会提供继承的父类。并且如果设置了该属性，一些改动会影响 JSP 的编译能力。

session 属性：表示当前页面是否支持 session，如果为 false，则在 JSP 页面中不能使用 session 对象以及 scope=session 的 JavaBean 或 EJB。属性的默认值为 true。

errorPage 属性：用于指示一个 JSP 文件的相对路径，以便在页面出错时，转到这个 JSP 文件来进行处理。与此相适应，需要将这个 JSP 文件的 isErrorPage 属性设为 true。当 errorPage 属性被设置后，JSP 网页中的异常仍然会产生，只不过此时捕捉到的异常将不由当前网页进行处理，而是由 errorPage 属性所指定的网页去进行处理。如果该属性值设置的是以“/”开头的路径，则错误处理页面在当前应用程序的根目录下；否则，在当前页面所在的目录下。

isErrorPage 属性：指示一个页面是否为错误处理页面。设置为 true 时，在这个 JSP 页面中的内建对象 exception 将被定义，其值将被设定为呼叫此页面的 JSP 页面的错误对象，以处理该页面所产生的错误。

buffer 属性：内置输出流对象 out 负责将服务器的某些信息或运行结果发送到客户端显示，buffer 属性用来指定 out 缓冲区的大小。其值可以有 none、8KB 或是给定的 KB 值，值为 none 表示没有缓存，直接输出至客户端的浏览器中；如果将该属性指定为数值，则输出缓冲区的大小不应小于该值，默认为 8KB（因不同的服务器而不同，但大多数情况下都为 8KB）。

autoFlush 属性：当缓冲区满时，是否自动刷新缓冲区。默认值为 true，表示当缓冲区已满时，自动将其中的内容输出到客户端。如果设为 false，则当缓冲区满时会出现“JSPBuffer overflow”溢出异常。当 buffer 属性的值设为 none 时，autoFlush 属性的值就不能设为 false。

isThreadSafe 属性：设置 JSP 页面是否可以多线程访问。默认值为 true，表示当前 JSP 页面被转换为 Servlet 后，会以多线程的方式来处理来自多个用户的请求；如果设为 false，则转换后的 Servlet 会实现 SingleThreadMode 接口，并且将以单线程的方式来处理用户请求。

pageEncoding 属性：设置 JSP 页面字符的编码，常见的编码类型有 ISO-8859-1、gb2312 和 GBK 等。默认值为 ISO-8859-1。例如：<%@ page pageEncoding="gb2312"%>表示本网页使用了 gb2312 编码，与 contentType 属性中的字符编码设置作用相同。其用法如下：

```
<%@ page pageEncoding="字符编码"%>
```

3.3.2 include 指令

include 指令用于文件包含，被包含的文件可以是 JSP 文件、HTML 文件或文本文件。包含的文件就好像是该 JSP 文件的一部分，会被同时编译执行。在 JSP 页面中包含另一个静态的文件，同时解析这个文件中的 JSP 语句。语法：

```
<%@ include file="URL"%>
```

include 指令的代码如图 3.4 所示。

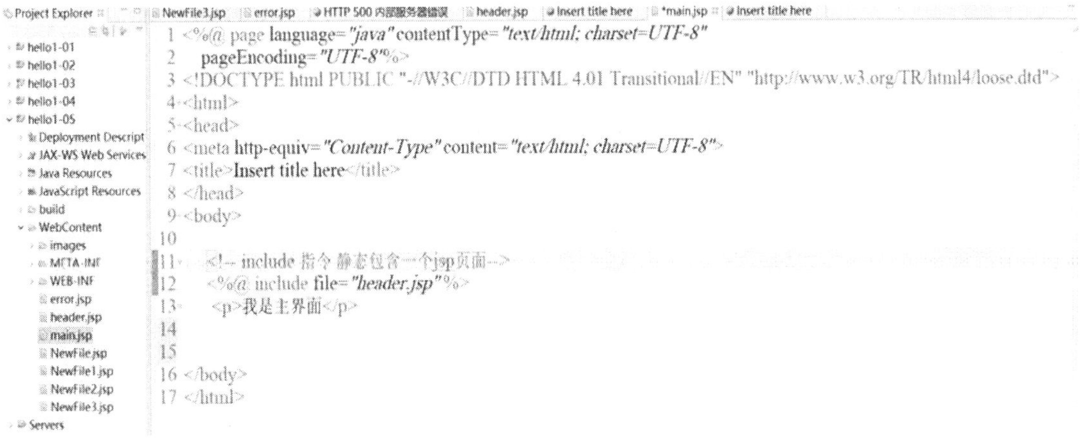

图 3.4 include 指令

3.3.3 taglib 指令

taglib 指令用于引入一个用户自定义的标签或标签库。标签库（tag library）是指由在 JSP 页面中使用的标记所组成的库。JSP 容器推出时带有一个小型的、默认的标签库。使用该指令加载后的标签可以直接在 JSP 页面中使用。其语法格式如下：

```
<%@ taglib prefix="fix" uri="tagUriorDir"%>
```

prefix：该属性用于设置加载自定义标签的前缀。

uri：该属性用于指定自定义标签的描述符文件位置。

3.4　JSP 动作元素

动作元素是在请求处理阶段按照在页面中出现的顺序被执行的。JSP 动作元素的优先级低于指令元素，在 JSP 页面被执行时将首先进入翻译阶段，程序会先查找页面中的指令元素，将它们转换成 Servlet，从而设置整个 JSP 页面。利用 JSP 动作可以动态地插入文件、重用 JavaBean 组件、把用户重定向到另外的页面、为 Java 插件生成 HTML 代码。JSP 的动作元素见表 3.1。

表 3.1　JSP 动作元素

语　法	描　述
jsp:include	在页面被请求的时候引入一个文件
jsp:useBean	寻找或实例化一个 JavaBean
jsp:setProperty	设置 JavaBean 的属性
jsp:getProperty	获得 JavaBean 的属性
jsp:forward	把请求转到一个新页面
jsp:plugin	根据浏览器类型为 Java 插件生成 OBJECT 或 EMBED 标记
jsp:element	定义动态 XML 元素
jsp:attribute	设置动态定义的 XML 元素属性
jsp:body	设置动态定义的 XML 元素内容
jsp:text	在 JSP 页面和文档中使用写入文本的模板

所有动作元素基本包含 id 属性和 scope 属性。

id 属性：id 属性是动作元素的唯一标识，可以在 JSP 页面中引用。动作元素创建的 id 值可以通过 PageContext 来调用。

scope 属性：该属性用于识别动作元素的生命周期。id 属性和 scope 属性有直接关系，scope 属性定义了相关联 id 对象的寿命。scope 属性有四个可能的值：page、request、session 和 application。

3.4.1　<jsp:include>动作元素

这个动作元素可以将另外一个文件的内容包含到当前 JSP 页面中。被包含的文件内容可以是静态文本，也可以是动态代码。其语法格式如下，具体的代码如图 3.5 所示。

```
<jsp:include page="url" flush="false|true"/>
```

或：

```
<jsp:include page="url" flush="false|true">
</jsp:include>
```

page：该属性用于指定被包含文件的相对路径，如果以“/”开头，表示相对于应用程序根目录，如果没有以“/”开头，file 指定的相对路径是相对于文件。实际开发中，一般不采用“/”开头。

flush：可选参数，用于设置是否刷新缓冲区，flush="true"是缓冲区，页面马上输出到 httpstream 流中；如果 flush="false"，页面内容会缓冲在服务器端，等待缓冲满了，输出到 client

的客户端去。

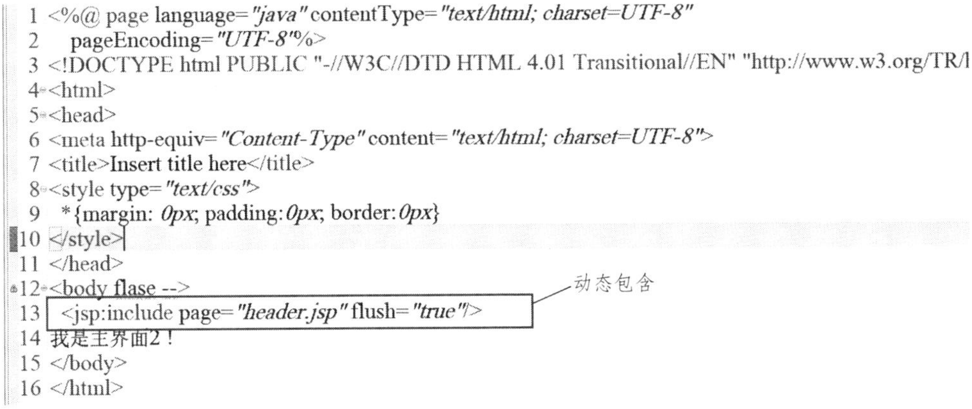

图 3.5　<jsp:include>动作元素

3.4.2　<jsp:forward>动作元素

<jsp:forward>动作元素用于请求转发，把请求转到另外的页面。jsp:forward 标记只有一个属性 page。它的功能类似于 RequestDispatcher 接口的 forword()方法，可以将当前页面的请求转发给其他 Web 资源，如另一个 JSP 页面、HTML 页面、Servlet 等；而当前页面可以不对请求进行处理。由于 page 属性包含的是一个相对 URL。page 的值既可以直接给出，也可以在请求的时候动态计算，其语法格式如下：

```
<jsp:forward page="相对 url 地址">
</jsp:forward>
```

<jsp:forward>的原理如图 3.6 所示。

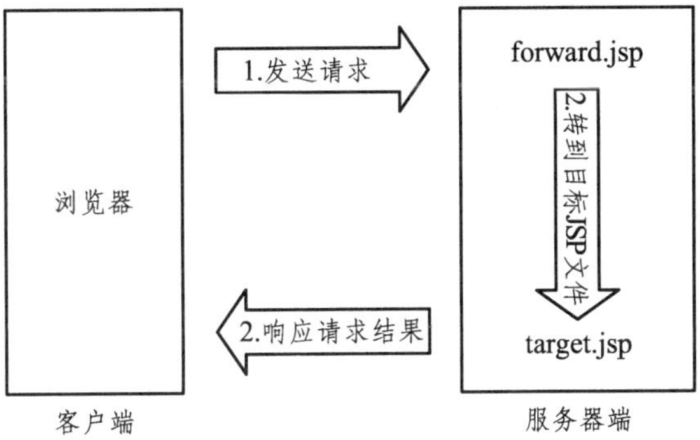

图 3.6　<jsp:forward>的原理

3.4.3　<jsp:param>动作元素

该元素可以作为其他元素的子元素，为其他元素传递参数。其语法格式如下：

```
<jsp:param name= "paramName" value= "paramValue"/>
```

name：该属性用于指定参数名称。value：该属性用于设置对应的参数值。通常情况下是将<jsp:forward>与<jsp:param>结合使用，接下来通过案例来展示两个动作元素的应用，核心代码如图 3.7 和图 3.8 所示。

```
<%@ page language="java" contentType="text/html; charset=UTF-8"
    pageEncoding="UTF-8"%>
<!DOCTYPE html PUBLIC "-//W3C//DTD HTML 4.01 Transitional//EN" "http://www.w
<html>
<head>
<meta http-equiv="Content-Type" content="text/html; charset=UTF-8">
<title>Insert title here</title>
</head>
<body>
    <jsp:forward page="target.jsp">
        <jsp:param value="tangfubin" name="username"/>
        <jsp:param value="123" name="password"/>
    </jsp:forward>
</body>
</html>
```

图 3.7　请求页面代码

```
<body>
    <h1>服务器内部跳转后的页面</h1><hr>
    username:<%=request.getParameter("username") %><br>
    password:<%=request.getParameter("password") %><br>
</body>
</html>
```

获取服务器内部跳转后的参数

图 3.8　响应页面代码

3.5　JSP 隐式对象

JSP 提供了由容器实现和管理的隐式对象，也可以称之为隐含对象、内置对象。由于 JSP 使用 Java 作为脚本语言，所以 JSP 将具有强大的对象处理能力，并且可以动态创建 Web 页面内容。但 Java 语法在使用一个对象前，需要先实例化这个对象，这其实是一件比较烦琐的事情。JSP 内置对象在所有的 JSP 页面中都可以直接使用，不需要先定义这些对象。

JSP 提供了 9 个隐式对象，由容器为用户实例化。这 9 个内置对象为：pageContext、request、response、session、application、config、out、page 和 exception。根据用途可以分为以下四类：

第一类（流相关隐式对象）：request、response、out。

第二类（上下文相关隐式对象）：session、application、pageContext。

第三类（与 servlet 相关的隐式对象）：page config。

第四类（与 error 相关的隐式对象）：exception。

JSP 内置对象见表 3.2。

表 3.2　JSP 内置对象

内置对象名称	类型	说明
request	javax.servlet.HttpServletRequest	用于获取客户端请求信息
response	javax.servlet.HttpServletResponse	用于向客户端响应信息
config	javax.servlet.ServletConfig	页面配置对象
session	javax.servlet.http.HttpSession	用于保存会话信息
application	javax.servlet.ServletContext	用于保存整个 Web 应用的信息
pageContext	javax.servlet.jsp.PageContext	用于存储当前 JSP 页面的信息

续表

内置对象名称	类型	说明
out	javax.servlet.jsp.JspWriter	用于页面输出
page	java.lang.Object	当前 JSP 页面对象
exception	java.lang.Throwable	用于处理 JSP 页面中的异常

3.5.1 request 对象

request 对象是 javax.servlet.http.HttpServletRequest 类的实例对象，每当客户端请求一个 JSP 页面时，JSP 引擎就会制造一个新的 request 对象来代表这个请求。该对象获取客户端的请求信息，主要用于接收通过 HTTP 传送到服务器端的数据（包括头信息、系统信息、请求方式以及请求参数等）。

获取请求参数值，客户端的请求信息被封装在 request 对象中，通过 reuqest 对象可以获取请求参数值，然后做出响应。request 对象具有请求域，其作用域为一次请求，即完成客户端的请求之前，该对象一直有效，常见方法见表 3.3。

表 3.3　request 对象的常用方法

方法名	描述
String getParameter(String name)	返回 name 指定参数的参数值
String[] getParameterValues(String name)	返回包含参数 name 的所有值的数组
void setAttribute(String,Object)	存储此请求中的属性
Object getAttribute(String name)	返回指定属性的属性值
String getContentType()	得到请求体的 MIME 类型
String getProtocol()	返回请求用的协议类型及版本号
String getServerName()	返回接收请求的服务器主机名
int getServerPort()	返回服务器接收此请求所用的端口号
String getCharacterEncoding()	返回字符编码方式
void setCharacterEncoding()	设置请求的字符编码方式
int getContentLength()	返回请求体的长度（以字节数）
String getRemoteAddr()	返回发送此请求的客户端 IP 地址
String getRealPath(String path)	返回一虚拟路径的真实路径
String request.getContextPath()	返回上下文路径

用法示范一：获取 form 表单提交的用户名，核心代码如图 3.9 和图 3.10 所示。

```
<form action="show.jsp" method="post">
   <input type="text" name="username">
   <input type="submit" value="发送">
</form>
```

图 3.9　表单请求代码

```
<body>
    <%request.setCharacterEncoding("utf-8"); %>
    显示内容：<%=request.getParameter("username") %>
</body>
</html>
```

图 3.10 获取请求参数代码

用户示范二：获取 form 表单的参数信息，核心代码如下：

```
<form action="show.jsp">
姓名：<input type="text" name="username"><br><br>
爱好：    <input type="checkbox" name="favorite" value="读书">读书
          <input type="checkbox" name="favorite" value="音乐">音乐
          <input type="checkbox" name="favorite" value="电影">电影
          <input type="checkbox" name="favorite" value="上网">上网<br><br>
<!--这个需要以后用 session 来处理-->
密码：    <%request.setAttribute("password", "123456"); %><br><br>
              <input type="submit" value="提交">
</form>
      姓名：<%=request.getParameter("username") %><br><br>
            爱好：<%
            if (request.getParameterValues("favorite") != null) {
              String hobby[]=request.getParameterValues("favorite") ;
              for(int i=0;i<hobby.length;i++){
                out.print(hobby[i]+"\n");
              }
            }
          %><br><br>
     密码：<%=request.getAttribute("password") %>
```

3.5.2 response 对象

response 代表的是对客户端的响应与 request 对象是相对应的，response 内置对象用于响应用户的请求，是 javax.servlet.HttpServletResponse 接口类的实例对象。其作用包括自动刷新应用、改变响应头参数、页面重定向从而让客户端跳转等。

cookie 是小段的文本信息，通过使用 cookie 可以标识用户身份、记录用户名及密码、跟踪重复用户。cookie 在服务器端生成并发送给浏览器，浏览器将 cookie 的 key/value 保存到某个指定的目录中，服务器的名称与值可以由服务器端定义。

通过 cookie 的 getCookies()方法可以获取到所有的 cookie 对象集合，然后通过 cookie 对象的 getName()方法获得指定名称的 cookie，再通过 getValue()方法即可获取到 cookie 对象的值，另外，将一个 cookie 对象发送到客户端使用了 response 对象的 addCookie()方法。cookie 的创建过程如图 3.11 所示。

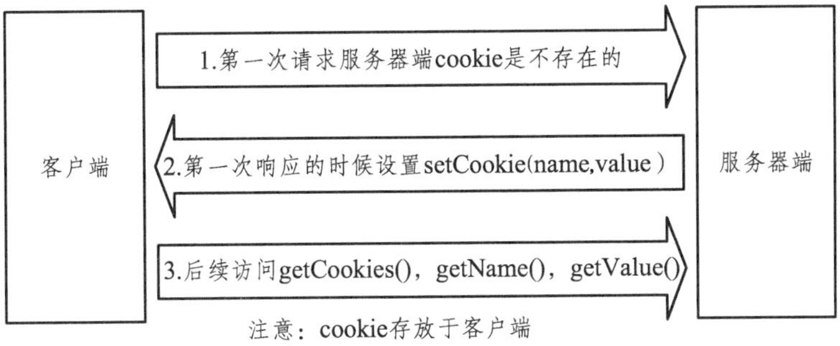

图 3.11　cookie 的创建过程

下面以 cookie 与 response 的应用为例，首先，创建一个 JSP 页面文件，从 request 对象中获取 cookie，判断是否含有此服务器发送过的 cookie。如果没有，则说明该用户第一次访问本站；如果有，则直接将值读取出来。核心代码如图 3.12 所示。

```
<%
  String username=null;
  String password=null;
  Cookie[]  cookies=request.getCookies();
  for(int i=0;cookies!=null&&i<cookies.length; i++){
      if(cookies[i].getName().equals("usernameAndpwd")){
          //拿到的是某个用户用-拼接的字符串
          username=cookies[i].getValue().split("-")[0]; // 拿到用户名
          password=cookies[i].getValue().split("-")[1];  //拿到密码
      }
  }
  if(username==null){
      username="";
  }
  if(password==null){
      password="";
  }
  %>
```

图 3.12　从 request 对象中获取 cookie

其次，创建 JSP 页面文件，在该页面中通过 request 对象将用户名和密码信息提取出来；创建一个 cookie 对象，并通过 response 对象的 addCookie()方法将其发送到客户端。核心代码如图 3.13 所示。

```
<%@ page language="java" contentType="text/html; charset=UTF-8"
    pageEncoding="UTF-8"%>
<%
  String username=request.getParameter("username");
  String password=request.getParameter("password");
  String remember=request.getParameter("remember");
  //System.out.print(username+":"+password+":"+remember);
  if("remember-me".equals(remember)){   //记住密码的操作 cookie
      Cookie usernameAndpwd =new Cookie("usernameAndpwd",username+"-"+password)
      usernameAndpwd.setMaxAge(1*60*60*24*7);   //保存一星期
      response.addCookie(usernameAndpwd);
      System.out.print("cookie设置成功！");
  }
  response.sendRedirect("lgoin.jsp");

%>
```

图 3.13　使用 response 对象发送 cookie 到客户端

3.5.3 out 对象

out 对象是 javax.servlet.jsp.jspWrite 抽象类的实例对象，是一个缓冲输出流对象。out 对象主要用来向客户端输出各种类型数据，同时管理应用服务器的输出缓冲区。JspWriter 类对象根据页面是否有缓存来进行不同的实例化操作，可以在 page 指令中使用 buffered='false'属性来关闭缓存。JspWriter 类包含大部分 java.io.PrintWriter 类中的方法，JspWriter 新增了一些专为处理缓存而设计的方法。此外，JspWriter 类会抛出 IOExceptions 异常，而 PrintWriter 不会。

out 对象提供了一系列的输出数据和处理缓冲区的方法，具体见表 3.4。

表 3.4　out 对象的常用方法

属性名	说明
void clear()	清除缓冲区中的内容，不把数据输出到客户端
void clearBuffer()	清除缓冲区中的内容，同时将数据输出到客户端
void close()	关闭输出流
void flush()	输出缓冲区里的数据
int getBufferSize()	获取缓冲区的大小
int getRemainning()	获取缓冲区剩余空间的大小
isAutoFlush()	返回 TRUE 表示缓冲区满时会自动刷新输出，返回 FALSE 表示缓冲区满时不会自动清除并产生异常处理
void newLine()	输出一个换行符
void print()	向客户端输出数据
void println()	向客户端输出数据并换行

例如：输出网页及缓冲区相关信息，代码如图 3.14 和图 3.15 所示。

```
    <% out.print("<h1>hello,jsp</h1>");
       out.print("<hr color=red size=7>");
       out.print("<img src='tom.jpg'>");
    %>
</body>
```

图 3.14　out 对象输出网页信息

```
<%
int totalBuffer= out.getBufferSize(); //获取缓冲区的全部空间大小;
int available=out.getRemaining();//获取未使用的缓冲区大小
int  user=totalBuffer-available;  //已经使用的缓冲区的大小
out.println("总缓冲区大小: "+totalBuffer+"<br>");
out.println("未使用缓冲区大小: "+available+"<br>");
out.println("已经使用缓冲区大小: "+user);
%>
```

图 3.15　out 对象输出缓冲区信息

值得注意的是 out 对象和 response.getWriter()方法获取的 printWrite 是有区别的，如图 3.16 所示。

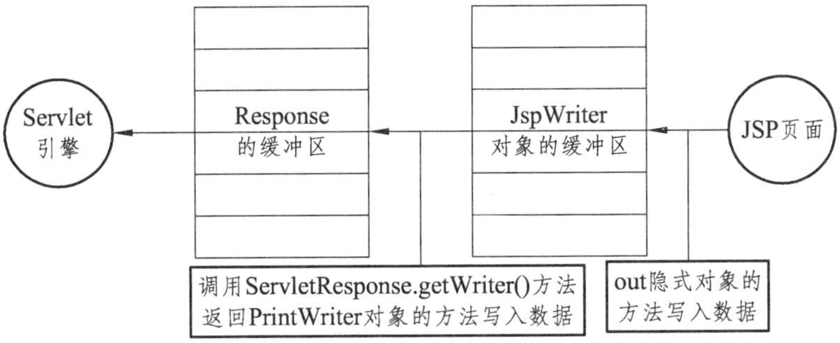

图 3.16　out 和 printwrite 对象的方法写数据信息的区别

JspWriter 和 PrintWriter 都继承自 java.io.Writer，但 JspWriter 是抽象类，而 PrintWriter 不是。主要体现在：

（1）类型不同：内置对象 out 的类型是 JspWriter；response.getWrite()返回的类型是 PrintWriter。

（2）获取方式不同：JspWriter 是 JSP 的内置对象，直接使用即可，对象名 out 是保留字，也只能通过 out 来调用其相关方法，如可以通过内置对象 pageContext.getOut();获得；PrintWriter 则是在用的时候需要通过内置对象 response.getWriter();获得。JspWriter 的 print()方法会抛出 IOException；而 PrintWriter 则不会。

（3）执行原理不同：JspWriter 相当于一个带缓存功能的 printWriter，它不是直接将数据输出到页面，而是将数据刷新到 response 的缓冲区后再输出，response.getWriter 直接输出数据（response.print()），所以（out.print）只能在其后输出，同一 jsp 或 Servlet 文件中同时使用了 JspWriter 对象和 PrintWriter 对象，在调用 print 或者 println 方法后的执行情况不同。

（4）刷新页面不同：out 为 JSP 的内置对象，刷新 JSP 页面，自动初始化获得 out 对象，所以使用 out 对象是需要刷新页面的，而 response.getWriter()响应信息通过 out 对象输出到网页上，当响应结束时它自动被关闭，与 JSP 页面无关，无须刷新页面。

（5）抛出异常不同：out 的 print()方法和 println()方法在缓冲区溢出并且没有自动刷新的时候会产生 ioexception，而 response.getWrite()方法的 print 和 println 中都是抑制 ioexception 异常的，不会有 ioexception。

3.5.4　config 对象

config 对象是 javax.servlet.ServletConfig 接口类的实例对象，直接包装了 Servlet 的 ServletConfig 类的对象，是 JSP 页面通过 JSP 容器进行初始化时传递的对象，允许开发者访问 Servlet 或者 JSP 引擎的初始化参数，如文件路径等。

在 Servlet 初始化时，JSP 引擎通过 config 向它传递信息，这种信息可以是属性和属性值匹配的参数，也可以是通过 ServletContext 对象传递的服务器相关信息。

例如：config 用于 JSP 初始化操作，声明并设置 Servlet 的映射，具体代码如图 3.17 所示。

```
<servlet>
    <servlet-name>init</servlet-name>
    <jsp-file>/configfile.jsp</jsp-file>
</servlet>

<servlet-mapping>
    <servlet-name>init</servlet-name>
    <url-pattern>/init</url-pattern>
</servlet-mapping>

</web-app>
```

访问这个地址的时候，访问到上面的jsp文件

图 3.17　Servlet 的声明及映射

配置 initServlet 的初始化参数，代码如图 3.18 所示。

```
<servlet>
    <servlet-name>init</servlet-name>
    <jsp-file>/configfile.jsp</jsp-file>
    <init-param>
        <param-name>jdbcname</param-name>
        <param-value>com.mysql.jdbc.Driver</param-value>
    </init-param>
    <init-param>
        <param-name>dburl</param-name>
        <param-value>jdbc:mysql://localhost:3306/db_tom</param-value>
    </init-param>
</servlet>
```

①协议　②子协议　③主机名　④数据库名字

图 3.18　配置 Servlet 的参数

创建一个测试 JSP 页面文件，获取 Servlet 的初始化参数信息，核心代码如图 3.19 所示。

```
<title>Insert title here</title>
</head>
<body>
  <h1>驱动地址：<%=config.getInitParameter("jdbcname") %></h1>
  <h1>数据库连接地址：<%=config.getInitParameter("dburl") %></h1>
</body>
</html>
```

图 3.19　获取 Servlet 的初始化参数

运行测试 JSP 页面，运行结果如图 3.20 所示。

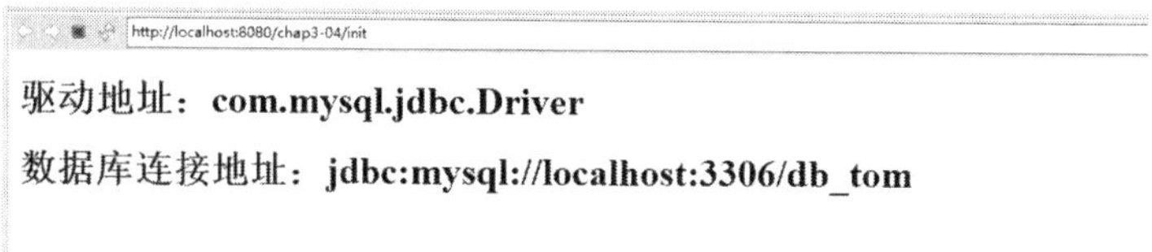

图 3.20　Servlet 初始化参数运行结果

3.5.5　session 对象

session 对象用来跟踪在各个客户端请求间的会话，它是一种将会话数据保存到服务器的技术。当客户端访问服务器时，服务器通过 session 机制记录客户端信息。session 会话代表的

是客户端与服务器的一次交互过程，这个过程可以是连续的，也可以是时断时续的。在 servlet（JSP）中，一旦用户与服务端交互，服务器就会为客户端创建一个 session，同时服务器把该 session 的 ID 放入 Cookie 返回给客户端。再次访问时服务器会根据这个 ID 在内存中找到对应的会话 session，就可以操作会话了。会话存活期间，则认为用户一直处于正在使用着网站的状态，当 session 超期过时，则认为用户已经离开网站，停止交互了。同样，用户的身份信息，也可以通过 session 来判断，在 session 中可以保存不同用户的信息。

1. session 的工作原理

虽然 session 保存在服务器，对客户端是透明的，它的正常运行仍然需要客户端浏览器的支持。这是因为 session 需要使用 Cookie 作为识别标志。HTTP 是无状态的，session 不能依据 HTTP 连接来判断是否为同一客户，因此服务器向客户端浏览器发送一个名为 JSESSIONID 的 Cookie，它的值为该 session 的 ID（也就是 HttpSession.getId()的返回值）。session 依据该 Cookie 来识别是否为同一用户。

该 Cookie 为服务器自动生成的，它的 maxAge 属性一般为-1，表示仅当前浏览器内有效，并且各浏览器窗口间不共享，关闭浏览器就会失效。因此同一机器的两个浏览器窗口访问服务器时，会生成两个不同的 session。但是由浏览器窗口内的链接、脚本等打开的新窗口（也就是说不是双击桌面浏览器图标等打开的窗口）除外。这类子窗口会共享父窗口的 Cookie，因此会共享一个 session。

注意：新开的浏览器窗口会生成新的 session，但子窗口除外。子窗口会共用父窗口的 session。例如，在链接上右击，在弹出的快捷菜单中选择“在新窗口中打开”时，子窗口便可以访问父窗口的 session。

如果客户端浏览器将 Cookie 功能禁用，或者不支持 Cookie 怎么办？例如，绝大多数的手机浏览器都不支持 Cookie。Java Web 提供了另一种解决方案：URL 地址重写。

URL 地址重写是对客户端不支持 Cookie 的解决方案。URL 地址重写的原理是将该用户 session 的 ID 信息重写到 URL 地址中。服务器能够解析重写后的 URL 获取 session 的 ID。这样即使客户端不支持 Cookie，也可以使用 session 来记录用户状态。HttpServletResponse 类提供了 encodeURL（String url）实现 URL 地址重写，该方法会自动判断客户端是否支持 Cookie。如果客户端支持 Cookie，会将 URL 原封不动地输出来。如果客户端不支持 Cookie，则会将用户 session 的 ID 重写到 URL 中。

注意：Tomcat 判断客户端浏览器是否支持 Cookie 的依据是请求中是否含有 Cookie。尽管客户端可能会支持 Cookie，但是由于第一次请求时不会携带任何 Cookie（因为并无任何 Cookie 可以携带），URL 地址重写后的地址中仍然会带有 jsessionid。当第二次访问时服务器已经在浏览器中写入 Cookie 了，因此 URL 地址重写后的地址中就不会带有 jsessionid 了。

2. session 的生命周期

session 的生命周期是指一个 HttpSession 对象从创建到销毁的过程。在客户端首次访问 Web 应用或服务器为客户端创建的 session 已被销毁，客户端再次访问 Web 应用时，服务器会创建一个 HttpSession 对象。

HttpSession 对象生成后，只要客户端继续访问，服务器就会不断地更新它的最后访问时间并认为该 HttpSession 对象“活跃”了一次。随着访问者的不断增多，HttpSession 对象也越来越多，为了防止内存溢出，服务器会将超过一定时间没有“活跃”的 HttpSession 对象销毁。

HttpSession 对象的有效时间与服务器配置有关，以 Tomcat 为例，可以在 Tomcat 的配置文件 web.xml 中设置，该文件位于 Tomcat 安装目录下的 conf 文件夹内，打开 web.xml 文件，发现如下配置信息。

```
<session-config>
    <session-timeout>30</session-timeout>
</session-config>
```

从以上配置信息可以看出，Tomcat 为 session 配置的默认有效时间为 30 min，如果将 30 改为 0 或一个负数，表示 session 永不过期。在实际开发中，开发者可根据具体需求修改。除此方法之外，还可以调用 HttpSession 对象的 setMaxInactiveInterval()方法设置 session 的有效时间，如果想让 session 立即失效，直接调用 HttpSession 对象的 invalidate()方法。

3. session 对象的失效

服务器会把长时间没有活动的 session 从服务器内存中清除，此时 session 便失效。Tomcat 中 session 的默认失效时间为 20 min。

调用 session 的 invalidate 方法。

```
HttpSession session = request.getSession();
session.invalidate();//注销该 request 的所有 session
```

session 过期时间的计算：从 session 不活动的时候开始计算，如果 session 一直活动，session 就总不会过期。从该 Session 未被访问，开始计时；一旦 Session 被访问，计时清 0。

4. 设置 session 对象的失效时间

设置 session 对象的失效时间的方法有三种，第一种是在 web.xml 文件中进行设置，第二种是通过程序代码进行设置，第三种是在 Tomcat 服务器中修改 Server.xml 文件中进行设置。具体的方法如下：

在 web.xml 中设置过期时长：

```
<session-config>
    <session-timeout>30</session-timeout>
</session-config>
```

在程序中手动设置失效时间：

```
session.setMaxInactiveInterval(30 * 60);//设置单位为秒，设置为-1 永不过期
request.getSession().setMaxInactiveInterval(-1);//永不过期
```

Tomcat 也可以修改 session 过期时间，在 server.xml 中定义 context 时采用如下定义：

```
<Context path="/livsorder"
docBase="/home/httpd/html/livsorder"        defaultSessionTimeOut="3600"
isWARExpanded="true"
isWARValidated="false" isInvokerEnabled="true"        isWorkDirPersistent="false"/>
```

总之，一个用户在某个 Web 服务 session 的生命周期取决于以下因素：

（1）是否关闭浏览器；

（2）是否调用清除 session 对象的方法 invalidate()；

（3）是否达到最大分钟数。

3.5.6 application 对象

application 对象可将信息保存在服务器中，直到服务器关闭，否则 application 对象中保存的信息会在整个应用中都有效。与 session 对象相比，application 对象的生命周期更长，类似于系统的“全局变量”。

application 对象生存期和 Web 应用程序生存期一样长，生存期从 Web 应用程序网页被访问开始，HttpApplication 类对象 application 被自动创建，直到没有一个网页被访问时结束，application 对象被自动撤销。因此，application 对象中的变量也有相同生存期，并且变量可以被 Web 应用程序中的所有网页访问。因此，可以在 application 对象中建立一些全局的公用变量，由于存储在 application 对象中的数值可以被应用程序的所有网页读取，所以 application 对象的属性也适合在应用程序的网页之间传递信息。application 对象主要有以下用途：

（1）存储记录在线人数或访问网站总人数的变量。

（2）存储网站共用最新消息，供所有网页更新。

（3）记录网站中各网页同一条广告被点击的次数或时间。

（4）存储供所有网页使用的数据库数据。

（5）不同应用之间的通信，如多用户聊天室、多用户游戏等。

application 对象的常用方法见表 3.5。

表 3.5 application 对象的常用方法

方法名	描 述
String getAttribute(String name)	根据属性名称获取属性值
Enumeration getAttributeNames()	获取所有的属性名称
void setAttribute(String name, Object object)	设置属性，指定属性名称和属性值
void removeAttribute(String name)	根据属性名称删除对应的属性
ServletContext getContext(String uripath)	获取指定 URL 的 ServletContext 对象
String getContextPath()	获取当前 Web 应用程序的根目录
String getInitParameter(String name)	根据初始化参数名称，获取初始化参数值
int getMajorVersion()	获取 Servlet API 的主版本号
int getMinorVersion()	获取 Servlet API 的次版本号
String getMimeType(String file)	获取指定文件的 MIME 类型
String getServletInfo()	获取当前 Web 服务器的版本信息
String getServletContextName()	获取当前 Web 应用程序的名称
void log(String message)	将信息写入日志文件中

3.5.7 exception 对象

exception 对象用来处理 JSP 文件执行时发生的所有错误和异常，只有在 page 指令中设置

isErrorPage 属性值为 true 的页面中才可以被使用，在一般的 JSP 页面中使用该对象将无法编译 JSP 文件。exception 对象几乎定义了所有的异常情况，在 Java 程序中，可以使用 try…catch 关键字来处理异常情况，如果在 JSP 页面中出现没有捕捉到的异常，就会生成 exception 对象，并把 exception 对象传送到在 page 指令中设定的错误页面中，然后在错误页面中处理相应的 exception 对象。exception 对象的常用方法见表 3.6。

表 3.6　exception 对象的常用方法

方法名	描述
getMessage()	返回 exception 对象的异常信息字符串
getLocalizedmessage()	返回本地化的异常错误
toString()	返回关于异常错误的简单信息描述
fillInStackTrace()	重写异常错误的栈执行轨迹

例如：exception 对象的应用，新建 index.jsp 页面，在 page 指令中指定 errorPage 属性值为 error.jsp，即指定显示异常信息的页面，然后定义保存单价的 request 范围内的变量，并赋值为非数值型，最后获取该变量并转换为 float 型。

```
<%@ page language="java" contentType="text/html; charset=utf-8"
    pageEncoding="utf-8" errorPage="error.jsp" %>
<html>
<head>
<meta http-equiv="Content-Type" content="text/html; charset=utf-8">
<title>exception 对象的使用-index.jsp</title>
</head>
<body>
<%
    request.setAttribute("price", "12.5 元");
    float price = Float.parseFloat(request.getAttribute("price").toString());
    out.print(price);
%>
</body>
</html>
```

新建 error.jsp 页面：将该页面的 page 指定的 isErrorPage 属性值设置为 true，并且输出异常信息。

```
<%@ page language="java" contentType="text/html; charset=utf-8"
    pageEncoding="utf-8" isErrorPage="true" %>
<html>
<head>
<meta http-equiv="Content-Type" content="text/html; charset=utf-8">
<title>exception 对象的使用-error.jsp</title>
</head>
```

```
<body>
    错误提示为：<%=exception.getMessage() %>
</body>
</html>
```

3.5.8 pageContext 对象

pageContext 对象是 javax.servlet.jsp.PageContext 类的实例，用来代表整个 JSP 页面，pageContext 对象的作用是访问页面信息，取得任何范围的参数，它存储了 request 对象和 response 对象的引用。application 对象、config 对象、session 对象、out 对象可以通过访问这个对象的属性来导出，也就是说通过它可以获取 JSP 页面的 out、request、response、session、application 等对象。pageContext 对象的创建和初始化都是同容器来完成的，在 JSP 页面中可以直接使用 pageContext 对象。常用方法见表 3.7。

表 3.7　pageContext 对象的常用方法

方法名	描述
forward(String relativeUrlPath)	将当前页面转发到另外一个页面或者 Servlet 组建上
getRequest()	返回当前页面的 request 对象
getResponse()	返回当前页面的 response 对象
getServetConfig()	返回当前页面的 servletConfig 对象
getServletContext()	返回当前页面的 ServletContext 对象，这个对象是所有的页面共享的
getSession()	返回当前页面的 session 对象
findAttribute()	按照页面、请求、会话以及应用程序范围的属性实现对某个属性的搜索
setAttribute()	设置默认页面范围或特定对象范围之中的对象
removeAttribute()	删除默认页面对象或特定对象范围之中的已命名对象

例如：pageContext 获取其他对象的属性值，设置 4 个范围的属性，然后通过 out 对象输出获取的各个范围的属性值，核心代码如图 3.21 所示。

```
<%pageContext.setAttribute("name1", "pageinfo");
  request.setAttribute("name2", "requestinfo");
  session.setAttribute("name3", "sessioninfo");
  application.setAttribute("name4", "applicationinfo");
%>
<!--通过pagecontext 对象 可以拿到所有这个页面的对象的值-->
<%
out.print("page中的属性值："+pageContext.getAttribute("name1")+"<br>");
out.print("request中的属性值："+pageContext.getRequest().getAttribute("name2")+"<br>");
out.print("session中的属性值："+pageContext.getSession().getAttribute("name3")+"<br>");
out.print("application中的属性值："+pageContext.getServletContext().getAttribute("name4'

%>
```

图 3.21　pageContext 对象获取属性值

3.6 四大作用域

JSP 中的“作用域”就是“信息共享的范围”，表示一个信息能够在多大的范围内有效。4 个 JSP 内置对象的作用域分别为：application、session、request、page。JSP 内置对象作用域见表 3.8。

表 3.8 四大作用域

名称	作用域
application	在所有应用程序中有效
session	在当前会话中有效
request	在当前请求中有效
page	在当前页面有效

Web 交互的最基本单位为 HTTP 请求。每个用户从进入网站到离开网站这段过程称为一个 HTTP 会话，一个服务器的运行过程中会有多个用户访问，就是多个 HTTP 会话。

3.6.1 application 作用域

如果把变量放到 application 里，就说明它的作用域是 application，它的有效范围是整个应用。整个应用是指从应用启动到应用结束，并不是“从服务器启动，到服务器关闭”。其原因是一个服务器可能部署多个应用，如果关闭了服务器，就会把服务器上所有的应用都关闭掉。application 作用域里的变量，它们的存活时间是最长的，如果不进行手工删除，它们就一直可以使用。

application 作用域上的信息传递是通过 ServletContext 实现的，它提供的主要方法见表 3.9。

表 3.9 application 作用域方法

方法名	描述
Object getAttribute（String name）	从 application 中获取信息
void setAttribute（String name, Object value）	向 application 作用域中设置信息

3.6.2 session 作用域

session 作用域比较容易理解，同一浏览器对服务器进行多次访问，在这多次访问之间传递信息，就是 session 作用域的体现。如果把变量放到 session 里，就说明它的作用域是 session，它的有效范围是当前会话。所谓当前会话，就是指从用户打开浏览器开始到用户关闭浏览器这中间的过程。这个过程可能包含多个请求响应。也就是说，只要用户不关浏览器，服务器就有办法知道这些请求是一个人发起的，整个过程被称为一个会话（session），而放到会话中的变量，就可以在当前会话的所有请求里使用。

session 是通过 HttpSession 接口实现的，它提供的主要方法见表 3.10。

表 3.10 session 的主要方法

方法名	描述
Object HttpSession.getAttribute（String name）	从 session 中获取信息
void HttpSession.setAttribute（String name, Object value）	向 session 中保存信息
HttpSession HttpServletRequest.getSessio()	获取当前请求所在的 session 的对象

session 的开始时刻比较容易判断，它从浏览器发出第一个 HTTP 请求即可认为会话开始。但结束时刻就不好判断了，因为浏览器关闭时并不会通知服务器，所以只能通过如下这种方法判断：如果一定的时间内客户端没有反应，则认为会话结束。Tomcat 的默认值为 120 min，但这个值也可以通过 HttpSession 的 setMaxInactiveInterval()方法来设置：

```
void setMaxInactiveInterval(int interval)
```

如果想主动让会话结束，例如用户单击“注销”按钮时，可以使用 HttpSession 的 invalidate()方法，用于强制结束当前 session：void invalidate()，此知识点在 session 的隐式对象一节已经详细讲解，在此不再赘述。

3.6.3 request 作用域

一个 HTTP 请求的处理可能需要多个 Servlet 合作，而这几个 Servlet 之间可以通过某种方式传递信息，但这个信息在请求结束后就无效了。request 里的变量可以跨越 forward 前后的两页。但是只要刷新页面，它们就重新计算了。如果把变量放到 request 里，就说明它的作用域是 request，它的有效范围是当前请求周期。所谓请求周期，就是指从 HTTP 请求发起，到服务器处理结束，返回响应的整个过程。在这个过程中可能使用 forward 的方式跳转了多个 JSP 页面，在这些页面里都可以使用这个变量。

Servlet 之间的信息共享是通过 HttpServletRequest 接口的两个方法来实现的，见表 3.11。

表 3.11 HttpServletRequest 接口的两个方法

方法名	描述
void setAttribute（String name, Object value）	将对象 value 以 name 为名称保存到 request 作用域中
Object getAttribute（String name）	从 request 作用域中取得指定名字的信息

JSP 中的 doGet()、doPost()方法的第一个参数就是 HttpServletRequest 对象，使用这个对象的 setAttribute()方法即可传递信息。在设置好信息之后，要通过何种方式将信息传给其他的 Servlet，就要用到 RequestDispatcher 接口的 forward()方法，通过它将请求转发给其他 Servlet。具体方法见表 3.12。

表 3.12 RequestDispatcher 接口的方法

方法名	描述
RequestDispatcher ServletContext.getRequestDispatcher (String path)	取得 Dispatcher 以便转发，path 为转发的目的 Servlet
void RequestDispatcher.forward(ServletRequest request, ServletResponse response)	将 request 和 response 转发

因此，只需要在当前 Servlet 中先通过 setAttribute()方法设置相应的属性，然后使用 forward()方法进行跳转，最后在跳转到的 Servlet 中通过使用 getAttribute()方法即可实现信息传递。

需要注意的是：首先，转发不是重定向，转发是在 Web 应用内部进行的。其次，转发对浏览器是透明的，也就是说，无论在服务器上如何转发，浏览器地址栏中显示的仍然是最初那个 Servlet 的地址。

本章小结

本章详细讲解了 JSP 的基础语法及相关知识，需重点理解 JSP 的语法和运行原理，同时需要掌握 JSP 的四大作用域和九大内置对象，并能熟练运用。

思考与提高

1. JSP 的本质是什么？其运行原理是什么？
2. JSP 中的四大作用域范围是什么？

第 4 章　JavaBean+Servlet 技术

JavaBean 是特殊的 Java 类，在 Java Web 开发中，使用 JavaBean 可以解决代码的重复编写，减少代码的冗余，功能分工明确，提高代码的可维护性，实际开发中常用 JavaBean 组件来完成业务逻辑的处理。Servlet 是 Java 语言应用到 Web 服务器端的扩展技术，也是 Web 应用的核心组件，它负责处理客户端发出的请求并生成响应，它的产生为 Java Web 开发奠定了基础。随着 Web 开发技术的不断发展，Servlet 也在不断发展与完善，并凭借其安全性、跨平台等诸多优点，深受广大 Java 编程人员的青睐，对于开发人员来说，只有掌握了 Servlet，才能洞悉 Web 应用开发的精髓。JavaBean+Servlet 技术是 Java Web 开发的核心技术之一。

4.1　JavaBean 技术

在 JSP 网页开发初级阶段，并没有框架与逻辑分层概念产生，需要将 Java 代码嵌入网页中，对 JSP 页面中的一些业务逻辑进行处理，如字符串处理、数据库操作等。如果使 HTML 代码与 Java 代码相分离，将 Java 代码单独封装成为一个处理某种业务逻辑的类，然后在 JSP 页面中调用此类，则可以减低 HTML 代码与 Java 代码之间的耦合度，简化 JSP 页面，提高 Java 程序代码的重用性及灵活性。这种与 HTML 代码相分离，而使用 Java 代码封装的类，就是一个 JavaBean 组件。

起初，JavaBean 的目的是将可以重复使用的代码进行打包。在传统的应用中，JavaBean 主要用于实现一些可视化界面，如一个窗体、按钮、文本框等，这样的 JavaBean 称之为可视化 JavaBean。随着技术的不断发展与项目的需求，目前 JavaBean 主要用于实现一些业务逻辑或封装一些业务对象，这样的 JavaBean 并没有可视化的按钮，所有又称之为非可视化 JavaBean。

4.1.1　JavaBean 简介

JavaBean 是用于封装某种业务逻辑或对象的 Java 类，是使用 Java 语言开发的一个可重用的组件，在 JSP 的开发中可以使用 JavaBean 减少重复代码，使整个 JSP 代码的开发更简洁。JSP 搭配 JavaBean 来使用，有以下的优点：

（1）可以实现代码的重复利用；

（2）易编写、易维护、易使用；

（3）可以在任何安装了 Java 运行环境的平台上的使用，而不需要重新编译。

4.1.2　JavaBean 规范

JavaBean 类必须是一个公共类，并将其访问属性设置为 public，如 public class user{…}。JavaBean 类必须有一个空的构造函数，类中必须有一个不带参数的公用构造器，如 public User(){…}。一个 JavaBean 类不应有公共实例变量，类变量都为 private，如 private int id。JavaBean

属性是具有 getter/setter 方法的成员变量。可以只提供 getter 方法，这样的属性叫只读属性；也可以只提供 setter 方法，这样的属性叫只写属性；如果属性类型为 boolean 类型，那么读方法的格式可以是 get 或 is。例如，名为 abc 的 boolean 类型的属性，它的读方法可以是 getAbc()，也可以是 isAbc()。

一般 JavaBean 属性以小写字母开头，驼峰命名格式，相应的 getter/setter 方法是 get/set 接上首字母大写的属性名。例如：属性名为 userName，其对应的 getter/setter 方法是 getUser Name/setUserName。

4.1.3 JavaBean 的标签<jsp:useBean>

<jsp:useBean>标签用于在 JSP 页面中创建一个 JavaBean 实例，并通过属性的设置将此实例存放到 JSP 指定的范围内，其语法格式如下：

```
<jsp:useBean id="实例化对象名称" scope= “保存范围”  class= “包.类名称 “/>
```

主要属性：

id：表示实例化对象的名称。

scope：表示此对象保存的范围，一共有 4 种属性范围：page、request、session、application。

class：对象所对应的包.类名称。

例如：为什么使用 JavaBean 呢？使用 JSP 的 Java 代码段及 JSP 表达式获取相关信息，代码冗余臃肿，代码如图 4.1 所示。

```
<%
   request.setCharacterEncoding("utf-8");//避免乱码
   Student stu=new Student();
   String name=request.getParameter("name");
   int age=Integer.parseInt(request.getParameter("age"));
   stu.setName(name);
   stu.setAge(age);
  %>

    <h1>学生姓名：<%=stu.getName() %></h1>
    <h1>学生年龄：<%=stu.getAge() %></h1>
/body>
/html>
```

图 4.1 使用 JSP 的 Java 代码段

使用 JavaBean 标签实例化学生实例对象，以及 JSP 表达式获取相关信息，代码简洁、复用性高，代码如图 4.2 所示。

```
<jsp:useBean id="stu" scope="page" class="com.tom.model.Student"></jsp:useBean>
<jsp:setProperty property="*" name="stu"/>

    <h1>学生姓名：<%=stu.getName() %></h1>
    <h1>学生年龄：<%=stu.getAge() %></h1>
</body>
```

图 4.2 使用 JavaBean 与 JSP 表达式

在使用<jsp:useBean/>指令时，实际上会默认调用 Student 类中的无参构造方法进行对象实例化，当修改 Student.java 文件后，如果要想让其起作用，则需要重新启动服务器，可以通过在 Tomcat 中直接配置自动加载的操作，这样即使不重新启动服务器，JavaBean 修改后也可以被立即加载进来。

4.1.4 JavaBean 的标签<jsp:setProperty>

<jsp:SetProperty>标签用于对 JavaBean 中的属性赋值，但 JavaBean 的属性要提供相应的 set×××()方法。通常情况下，该标签与<jsp:useBean>标签配合使用。其语法格式分别如下：

语法格式一：

<jsp:setProperty name="实例化对象名称" property="属性名称" value="属性值" />

name：用于指定 JavaBean 对象的名称。

property：用于指定 JavaBean 实例对象的属性名。

value：用于指定 JavaBean 对象的某个属性的值，value 的值可以是字符串，也可以是表达式。为字符串时，该值会自动转化为 JavaBean 属性相应的类型，如果 value 的值是一个表达式，那么该表达式的计算结果必须与所要设置的 JavaBean 属性的类型一致。

例如，通过<jsp:setProperty>单独设置属性值 value，代码如图 4.3 所示。

```
<%@ page language="java" contentType="text/html; charset=UTF-8"
    pageEncoding="UTF-8"%>
<jsp:useBean id="stu" scope="page" class="com.tom.model.People"></jsp:
<jsp:setProperty property="name" name="stu"  value=""/>

<% out.print("姓名: "+stu.getName());
   out.print("年龄: "+stu.getAge());

%>
```

单独设置的值：有的话，JavaBean设置固定值

图 4.3 <jsp:setProperty>单独设置属性值

语法格式二：

< jsp:setProperty name="实例化对象名称" property="属性名称" value="属性值" param="参数名称"/>

param 属性用于将 JavaBean 实例对象的某个属性值设置为一个请求参数值，该属性值同样会自动转换成要设置的 JavaBean 属性的类型。

例如，使用语法格式二，将 param 属性用于 JavaBean 实例对象，核心代码如图 4.4 所示。

```
    pageEncoding="UTF-8"%>
<jsp:useBean id="stu" scope="page" class="com.tom.model.People"></jsp:useB
<jsp:setProperty property="name" name="stu" param="username"/>

<% out.print("姓名: "+stu.getName());
   out.print("年龄: "+stu.getAge());

%>
```

把前端表单用户名和JavaBean的属性匹配

图 4.4 param 属性用于 JavaBean 实例对象

4.1.5 JavaBean 的标签<jsp:getProperty>

<jsp:getProperty>标签用于读取 JavaBean 对象的属性，也就是调用 JavaBean 对象的 getter 方法，然后将读取的属性值转换成字符串后插入输出的响应正文中。其语法格式如下：

<jsp:getProperty name="实例化对象名称" property="属性名称" />

name 属性用于指定 JavaBean 实例对象的名称，其值应与<jsp:useBean>标签的 id 属性值相同。property 属性用于指定 JavaBean 实例对象的属性名。如果一个 JavaBean 实例对象的某

个属性的值为 null，那么使用<jsp:getProperty>标签输出该属性的结果将是一个内容为“null”的字符串。

注意：使用<jsp:getProperty>要取得对象的属性与<jsp:useBean>的保存范围有关系，以下两段代码就存在范围的区别。

换一个浏览器无法取值：

```
<jsp:useBean id="student" scope="session" class="com.tangfubin.model.Student"/>
<jsp:setProperty property="name" name="student" value="张三"/>
<jsp:setProperty property="age" name="student" value="12"/>
<h1>Session 数据设置完毕！</h1>
```

换一个浏览器可以取值：

```
<jsp:useBean id="student" scope="application" class="com.tangfubin.model.Student"/>
<jsp:setProperty property="name" name="student" value="李四"/>
<jsp:setProperty property="age" name="student" value="13"/>
<h1>Application 数据设置完毕！</h1>
```

4.1.6 JavaBean 删除值

JavaBean 的删除依然使用了 4 种属性范围中提供的删除范围，所以实际上 JavaBean 就相当于是一个保存在指定范围中的属性。JavaBean 的删除即为注销用户，根据 JavaBean 的保存范围来选择相应的方法，其范围和对应的方法如下：

page 范围：pageContext.removeAttribute（“javabean name”）

request 范围：request.removeAttribute（“javabean name”）

session 范围：session.removeAttribute（“javabean name”）

application 范围：application.removeAttribute（“javabean name”）

例如，删除 session 范围的用户 student，其代码如下：

```
<%
session.removeAttribute("student");
%>
<h1>javabean 已删除！</h1>
```

4.2 Servlet 技术

Java Servlet 是运行在 Web 服务器上的程序，作为来自 Web 浏览器或其他 HTTP 客户端的请求（Android 接口程序等）和 HTTP 服务器上的数据库的中间层。使用 Servlet 可以收集来自网页表单的用户输入，呈现来自数据库或者其他源的记录，还可以动态创建网页。

Java Servlet 通常与使用 CGI（Common Gateway Interface，公共网关接口）实现的程序效果相同。但是相比于 CGI，Servlet 有以下优势：

（1）性能明显更好。Servlet 在 Web 服务器的地址空间内执行。这样它就没有必要再创建一个单独的进程来处理每个客户端请求。

（2）Servlet 用 Java 编写并独立于平台。服务器上的 Java 安全管理器执行了一系列限制，以保护服务器计算机上的资源。因此，Servlet 是安全可信的。

（3）Java 类库的全部功能对 Servlet 来说都是可用的，可以通过 sockets 和 RMI 机制与 applets、数据库或其他软件进行交互。

4.2.1 Servlet 概述

Servlet 是基于 Java 语言的 Web 服务器编程技术，是 Sun 公司提出的一种实现动态网页的解决方案。按照 Java EE 定义的规范，Servlet 程序是一个运行在服务器中的特殊 Java 类，它能够处理来自客户端的请求并生成响应。

Servlet 的运行原理如图 4.5 所示。

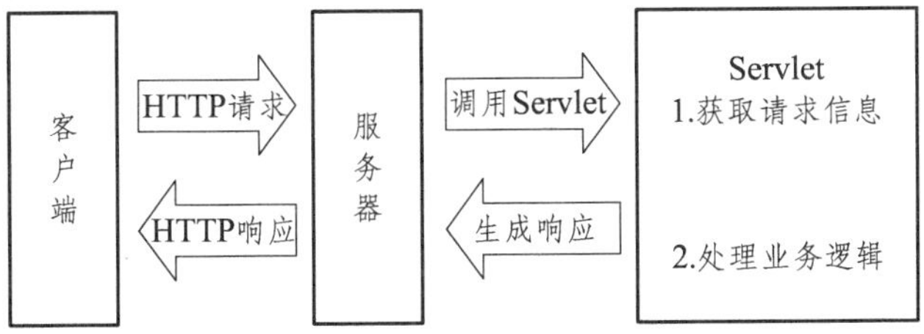

图 4.5　Servlet 的运行原理

由图 4.5 可以看出，Servlet 的运行原理是：首先，在客户端对 Web 服务器发出请求；接着，Web 服务器接收到请求后将其发送给 Servlet；然后，Servlet 容器为此产生一个实例对象并调用 ServletAPI 中相应的方法来对客户端 HTTP 请求进行处理，然后将处理的响应结果返回给 Web 服务器；最后，Web 服务器将从 Servlet 实例对象中收到的响应结构发送回客户端。

4.2.2 Servlet 生命周期

Servlet 生命周期，是指一个 Servlet 对象从创建到提供服务再到销毁的过程。Servlet 运行在服务器中，它的生命周期由服务器来管理，简单地说，就是这样一个过程：Servlet 加载→实例化→服务→销毁。Servlet 生命周期通过 Servlet 接口中的 init()、service()和 destroy()方法来表示，具体分为三个阶段：

1. *初始化阶段调用 init()方法*

Servlet 的初始化阶段分为两个步骤：创建 Servlet 对象和执行 init()方法。

当某个 Servlet 首次被客户端请求时，服务器会创建该 Servlet 对象。如果在 web.xml 文件中为某个 Servlet 配置了<load-on-startup>元素，服务器在启动时就会创建该 Servlet 对象。这里需要注意的是，一个 Servlet 无论被请求多少次，最多只能有一个 Servlet 对象。

在 Servlet 的生命周期中，仅执行一次 init()方法。它是在服务器装入 Servlet 时执行的，负责初始化 Servlet 对象。可以配置服务器，以在启动服务器或客户机首次访问 Servlet 时装入 Servlet。无论有多少客户机访问 Servlet，都不会重复执行 init()。

2. *提供服务阶段调用 service()方法*

它是 Servlet 的核心，负责响应客户的请求。每当一个客户请求一个 HttpServlet 对象，该对象的 Service()方法就要调用，而且传递给这个方法一个“请求”（ServletRequest）对象和一个“响应”（ServletResponse）对象作为参数。在 HttpServlet 中已存在 Service()方法。默认的服务功能是调用与 HTTP 请求的方法相应的 do 功能。

3. 销毁阶段执行 destroy()方法

仅执行一次，在服务器端停止且卸载 Servlet 时执行该方法。当 Servlet 对象退出生命周期时，负责释放占用的资源。一个 Servlet 在运行 service()方法时可能会产生其他的线程，因此需要确认在调用 destroy()方法时，这些线程已经终止或完成。

4.2.3 Servlet 的使用

Servlet 主要有两种使用方法：第一种是创建一个普通的 Java 类，并继承 HTTPServlet 类，或者集成 GenericServlet 类，或者实现 Servlet 接口，再在 web.xml 文件中配置 Servlet；第二种是使用 Eclipse 等集成开发工具完成 Servlet 的创建，这种方法简化操作，常用于实际开发中。

1. 使用 Eclipse 创建 Servlet

右击 Eclipse project 的 src→选择 new→选择 other→搜索 Servlet，打开创建对话框，如图 4.6 所示。

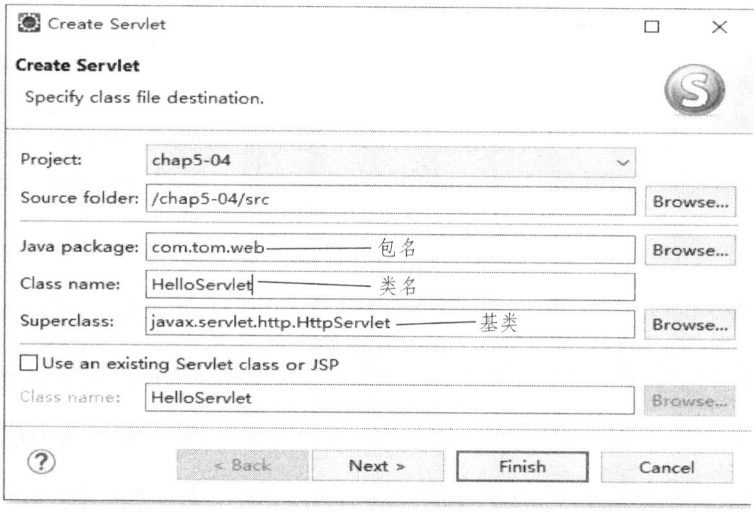

图 4.6　创建 Servlet

创建后的 Servlet 如图 4.7 所示。

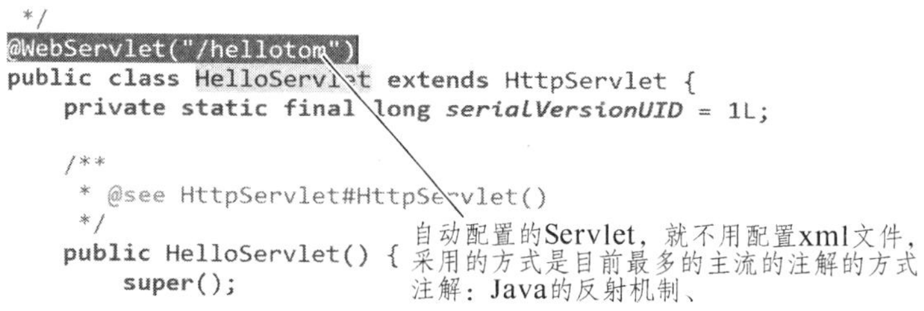

图 4.7　创建的 HelloServlet

2. Servlet 的声明及映射

通过 Eclipse 创建的 Servlet，一般会自动在 web.xml 中声明，具体的声明代码如图 4.8 所示。

图 4.8 Servlet 的声明

声明后的 Servlet 如果要使用，还需要在 web.xml 中进行映射，具体的映射代码如图 4.9 所示。

图 4.9 Servlet 的映射

一个 Servlet 可以被多个应用来调用，即多地址映射，具体代码如图 4.10 所示。

图 4.10 多地址映射

为了减少代码量，针对多地址映射，可以用*.万能扩展名来实现多地址映射，具体代码如图 4.11 所示。注意：*. 通配符，代表任意字符。

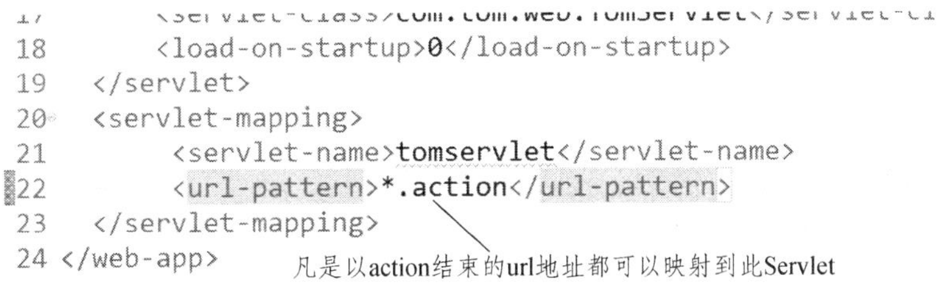

图 4.11 *.万能扩展名

除了使用*.万能扩展名，还可以使用/*来实现多地址映射，具体代码如图 4.12 所示。

```
        <description>主要用了做什么的，不写也可以</description>
        <display-name>tom</display-name>
        <servlet-name>tomservlet</servlet-name>
        <servlet-class>com.tom.web.TomServlet</servlet-class>
        <load-on-startup>0</load-on-startup>
    </servlet>
    <servlet-mapping>
         <servlet-name>tomservlet</servlet-name>
         <url-pattern>/tangfubin/*</url-pattern>
    </servlet-mapping>
</web-app>
```

只要以/tangfubin开始的url统统映射到此Servlet

图 4.12　/*多地址映射

3. Servlet 核心 API

为了实现 Servlet 的相关功能，Servlet 提供了 4 种核心 API，具体见表 4.1。

表 4.1　Servlet 核心 API

API	作用描述
ServletConfig	获取 Servlet 初始化参数和 servletContext 对象
ServletContext	在整个 Web 应用的动态资源之间共享数据
ServletRequest	封装 HTTP 请求信息，在请求时创建
ServletResponse	封装 HTTP 响应信息，在请求时创建

ServletConfig 接口：是封装 Servlet 配置信息的接口。服务器在初始化 Servlet 时，为该 Servlet 创建一个 ServletConfig 对象，并将这个对象通过 init()方法来传递并保存在此 Servlet 对象中。

其作用主要是：获取初始化信息和获取 ServletContext 对象。

使用方式如下：

首先，在 web.xml 中配置参数，具体代码如图 4.13 所示。

```
<servlet-class>com.tom.web.Test01Servlet</servlet-class>
<init-param>———初始化设置
    <param-name>author</param-name>
    <param-value>tangfubin</param-value>
</init-param>

</servlet>
<servlet-mapping>
```

图 4.13　Servlet 的初始化参数

然后，在 Servlet 中获取 ServletConfig 对象，核心代码如图 4.14 所示。

```
    // TODO Auto-generated method stub
    //获取ServletConfig对象 java多态的东西
    ServletConfig config=this.getServletConfig();
    //获取参数值，根据参数名字才能够获取参数值
    String paramvalue=config.getInitParameter("author");
    //向客户端输出响应值
    resp.getWriter().print("author:"+paramvalue);
}
```

图 4.14　获取 ServletConfig 对象

ServletContext 接口：是封装 Web 应用配置信息的接口。服务器在启动时，会为每个 Web 应用创建一个 ServletContext 对象。ServletContext 对象在每个 Web 应用中都是唯一的，它封装了当前 Web 应用的相关信息，并被该 Web 应用中的所有 Servlet 共享，即可以在多个 Servlet 中来获取这个对象，使用它可以给多个 Servlet 传递数据，该对象在 Tomcat 启动时就创建，在 Tomcat 关闭时才会销毁。

其作用主要是在整个 Web 应用的动态资源之间共享数据。获取方式如下：

（1）ServletConfig#getServletContext();

（2）GenericServlet#getServletContext();

（3）HttpSession#getServletContext();

（4）ServletContextEvent#getServletContext()。

ServletContex 接口：是 JavaWeb 四大域对象（PageContext；ServletRequest；HttpSession；ServletContext；）之一，所有域对象都有存取数据的功能，因为域对象内部有一个 Map，用来存储数据。

例如，在 web.xml 文件的 Servlet 中配置 context-param 参数，具体代码如图 4.15 所示。

```
<context-param>
   <param-name>course</param-name>
   <param-value>javaweb 技术基础</param-value>
</context-param>                所有的Web配置信息

<servlet>
```

图 4.15　Servlet 中配置 context-param 参数

在 Servlet 中获取 ServletContext 对象，并取出初始化参数，主要代码如图 4.16 所示。

```
    // TODO Auto-generated method stub
    //获取ServletContext对象 java多态的东西
    ServletContext config=this.getServletContext();
    //获取参数值，根据参数名字才能够获取参数值
    String paramvalue=config.getInitParameter("author");
    //向客户端输出响应值
    resp.getWriter().print("author:"+paramvalue);
}
```

图 4.16　获取 ServletContext 对象

在 JSP 页面中及控制台的输出中，经常要用到中文，如果不统一编码，则会出现中文乱码的问题，此案例通过设置字符集的编码来解决中文编码乱码问题，主要代码如图 4.17 所示。

```
    // TODO Auto-generated method stub
    //获取ServletContext对象 java多态的东西
    req.setCharacterEncoding("gb2312");
    resp.setCharacterEncoding("gb2312");
    ServletContext config=this.getServletContext();
    //获取参数值，根据参数名字才能够获取参数值
    String paramvalue=config.getInitParameter("course");
    //向客户端输出响应值
    resp.getWriter().print("course:"+paramvalue);
}
```

图 4.17　解决中文乱码

通过 ServletContext 对象还可以获取 Web 应用的相关信息，此案例用来获取 Web 应用的基础信息，代码如图 4.18 所示。

```
//获取ServletContext对象 java多态的东西
req.setCharacterEncoding("gb2312");
resp.setCharacterEncoding("gb2312");
ServletContext config=this.getServletContext();
//获取服务器的地址
String contextpath=config.getContextPath();
//获取web应用的名字
String contextname=config.getServletContextName();
PrintWriter out=resp.getWriter();
out.print("path:"+contextpath+"<br>");
out.print("name:"+contextname);
out.flush();
out.close();
}
```

图 4.18　获取 Web 应用的相关信息

Context 称为上下文，不仅可以初始化参数，获取 Web 应用的基础信息，还可以作为存取数据的容器。此案例用 Context 作为存取数据的容器，具体实现步骤如下：

首先，通过 context 对象存数据，核心代码如图 4.19 所示，运行结果如图 4.20 所示。

```
//获取servletcontext 对象
ServletContext context=this.getServletContext();
//存入一组数据
context.setAttribute("school", "cdivtc");
System.out.println("存数据成功！");
}
```

图 4.19　存数据的核心代码

```
四月 07, 2020 11:49:56 上午 org.apache.catalina.star
信息: Server startup in 10421 ms
存数据成功！
存数据成功！
```

图 4.20　存数据的运行结果

其次，完成了存数据后再通过 context 对象取数据，核心代码如图 4.21 所示，运行结果如图 4.22 所示。

```
resp.setCharacterEncoding("gb2312");
//获取servletcontext 对象
ServletContext context=this.getServletContext();
//从context对象中获取数据
String attibute=(String) context.getAttribute("school");
//向客户端响应输出数据
resp.getWriter().print("school:"+attibute);
}
```

图 4.21　取数据的核心代码

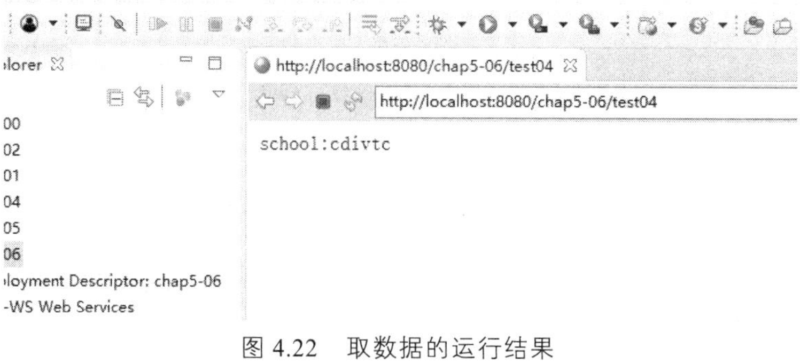

图 4.22　取数据的运行结果

获取 Web 应用的文件信息，ServletContext 对象可以获取 Web 应用中的文件的路径等信息，核心代码如图 4.23 所示，运行结果如图 4.24 所示。

```
        req.setCharacterEncoding("gb2312");
        resp.setCharacterEncoding("gb2312");
        ServletContext config=this.getServletContext();
        //比如 获取web。xml文件的相对路径的url地址
        String urlpath=config.getRealPath("/WEB_INF/web.xml");
        PrintWriter out=resp.getWriter();
        out.print("urlpath:"+urlpath+"<br>");
        out.flush();
        out.close();
    }
```

图 4.23 获取 Web 应用的核心代码

```
urlpath:C:\Users\Administrator\eclipse-workspace\.metadata\.plugins\org.eclipse.wst.server.core\tmp0\wtpwebapps\chap5-06\WEB_INF\web.xml
```

图 4.24 运行结果

ServletRequest 接口：HttpServletRequest 接口继承 ServletRequest 接口，用于封装请求信息，该对象在用户每次请求 Servlet 时创建并传入 Servlet 的 service()方法，在该方法中，传入的 ServletRequest 将会被强制转化为 HttpServletRequest 对象来进行 HTTP 请求信息的处理。

主要作用是：① 获取请求报文信息；② 获取网络连接信息；③ 获取请求域属性信息。

例如，获取请求头的信息，核心代码如图 4.25 所示，运行结果如图 4.26 所示。

```
// TODO Auto-generated method stub
//获取请求头 所有的
Enumeration<String> headnames=request.getHeaderNames();
//获取一个输出流
PrintWriter out=response.getWriter();
//遍历，所有的头对象响应给客户端 key___>value
while(headnames.hasMoreElements()) {
    String headname=headnames.nextElement();
    //通过请求头的名字获取请求头值的名字
    out.print(headname+":"+request.getHeader(headname)+"<br>");
}
```

图 4.25 获取请求头信息的核心代码

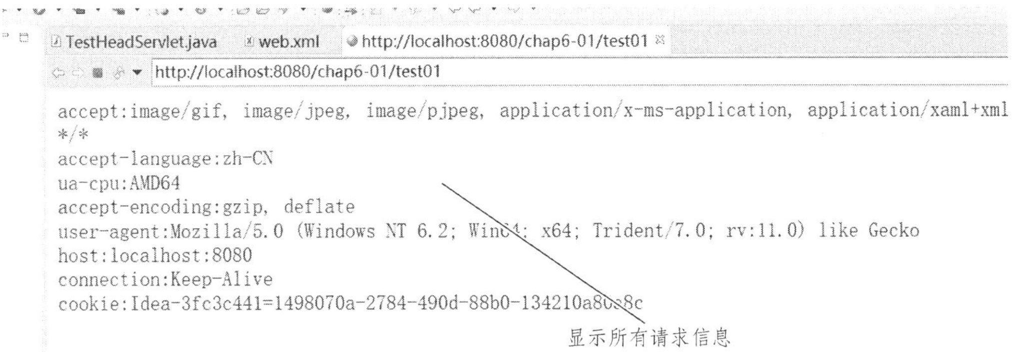

图 4.26 运行结果

获取请求体的信息，HttpServletrequest 接口直接获取请求体信息、参数、文件。比如上

传一个文件，就可以通过它直接获取。利用字符输入流 getReader()和字节输入流 getInputStream()。

```
SetAttribute(String name,Object value);
getAttrbute(String name)
remove(String name)
```

ServletResponse 接口：HttpServletResponse 继承自 ServletResponse，封装了 HTTP 响应信息。客户端每个请求，服务器都会创建一个 response 对象，并传入给 Servlet.service()方法。

作用主要有：① 设置响应头信息；② 发送状态码；③ 设置响应正文；④ 重定向。

例如，设置响应头信息、响应内容编码、大小、类型、setheader(String name, String value)、setIntHeader (String name, int value)设置值类型为整数类型响应头，主要代码如图 4.27 所示。

图 4.27　设置响应信息

获取响应体的信息，首先，获取响应体的内容字节输出流，其主要代码如下：

```
ServletOutputStream out=response.getOutputStream();
out.write(name.getBytes());
```

然后，获取响应体的内容字符输出流，运行结果如图 4.28 所示。

图 4.28　获取响应体字符输出流

转发和重定向，转发服务器端进行的页面跳转语句如下：

```
request.getRequestDispatcher("/转发地址").forward(request, response);
```

重定向服务端响应跳转信息，浏览器端进行的页面跳转语句如下：

```
response.sendRedirect("重定向地址");
```

转发和重定向的对比见表 4.2。

表 4.2　转发与重定向的对比

区别	转发	重定向
地址栏	不变	变化
跳转	服务端跳转	浏览器端跳转
请求次数	一次	两次
域中数据	不会丢失	丢失

4.2.4 AJAX

AJAX（Asynchronous Javascript + XML，异步 JavaScript 和 XML）是一种网页开发技术。AJAX 是一种在无须重新加载整个网页的情况下，能够更新部分网页的技术。AJAX 的优点是：异步交互，局部刷新；减小服务器压力。

1. 两种交互方式的比较

传统交互：网页整体全部刷新，服务器压力大，用户体验不好。

AJAX 交互：局部刷新，服务器压力小，用户体验好。

2. AJAX 创建 XMLHttpRequest 对象

所有现代浏览器均支持 XMLHttpRequest 对象（IE5 和 IE6 使用 ActiveXObject）。XMLHttpRequest 用于在后台与服务器交换数据，可以在不重新加载整个网页的情况下，对网页的某部分（局部）进行更新。

3. XMLHttpRequest 对象请求后台

如需将请求发送到服务器，使用 XMLHttpRequest 对象的 open() 和 send() 方法，其语法格式如下：

```
Xmlhttp.open("GET","test1.txt",true);
Xmlhttp.send();
```

XMLHttpRequest 对象的 open()和 send()方法的具体介绍见表 4.3。

表 4.3　XMLHttpRequest 对象的请求方法

方法	描述
open(method,url,async)	规定请求的类型、URL 以及是否异步处理请求。 method：请求的类型，get 或 post。 url：文件在服务器上的位置。 async：true（异步）或 false（同步）
send(string)	将请求发送到服务器。 string：仅用于 post 请求

针对以上各种方法的使用，核心代码如图 4.29 所示，测试结果如图 4.30 所示。

图 4.29　请求核心代码

图 4.30　运行结果

4. XMLHttpRequest 对象响应服务器

使用 XMLHttpRequest 对象的 responseText 或 responseXML 属性，来自服务器的响应。具体见表 4.4。

表 4.4　XMLHttpRequest 对象的属性

属性	描述
responseText	获得字符串形式的响应数据
responseXML	获得 XML 形式的响应数据

5. onreadystatechange 事件

当请求被发送到服务器时，需要执行一些基于响应的任务。每当 readyState 改变时，就会触发 onreadystatechange 事件。readyState 属性存有 XMLHttpRequest 的状态信息。

XMLHttpRequest 对象的 3 个重要的属性见表 4.5。

表 4.5　XMLHttpRequest 对象的属性

属性	描述
onreadystatechange	存储函数（或函数名），每当 readyState 属性改变时，就会调用该函数
readyState	存有 XMLHttpRequest 的状态。从 0 到 4 发生变化。 0：请求未初始化； 1：服务器连接已建立； 2：请求已接收； 3：请求处理中； 4：请求已完成，且响应已就绪
status	200: "OK" 404：未找到页面

6. 实例——动态注册及二级级联

注册表单验证运行效果如图 4.31 所示。

图 4.31　注册表单验证运行结果

二级联动运行效果如图 4.32 所示。

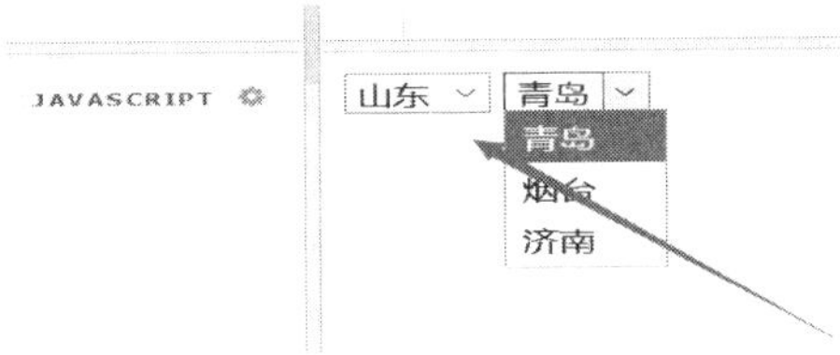

图 4.32　二级联动运行结果

4.3　拦截器

Filter 是 Servlet 中的高级特性，属于客户端和处理程序的中间层，能够对请求和修改操作作出检查、修改等操作，常用于请求拦截后的通用型操作，如统一编码、过滤关键字及安全控制等。

Filter 是一个实现了特殊接口的 Java 类，是过滤操作的插件。Servlet API 中提供了一个 Filter 接口，开发 Web 应用时，通过 Filter 技术，可以实现用户在访问某个目标资源之前，对访问的请求和响应进行拦截，一般常用于实现 URL 级别的权限访问控制、过滤敏感词汇、压缩响应信息等一些高级功能。

4.3.1　Filter 的工作原理

当用户的请求到达目标 Web 资源之前，Filter 可以检查 ServletRequest 对象，修改请求头和请求正文的内容，或者对请求进行预处理。当执行结果响应到客户端之前，Filter 可以检查 ServletResponse 对象，修改响应头和响应正文。Filter 的拦截过程如图 4.33 所示。

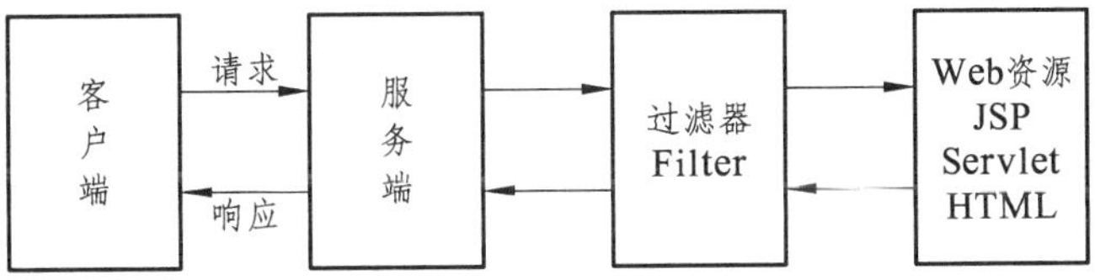

图 4.33　Filter 的拦截过程

当客户端发送请求时，服务器判断请求的资源是否匹配有相应的过滤器，如果有，服务器将请求交给过滤器处理。过滤器可以修改请求信息或对请求进行预处理，然后将请求直接返回或转发给目标资源。如果请求被转发给目标资源，则由目标资源对请求进行处理后做出响应。响应被转发给过滤器。过滤器可根据业务需要对响应的内容进行修改。服务器将响应内容发送给客户端。

4.3.2　创建 Filter

建立一个实现 Filter 接口的类，所有过滤器都必须实现 javax.servlet.Filter。这个接口包含 3 个方法，分别为 doFilter、init 和 destroy。启动服务器时加载过滤器的实例，并且会调用 init() 方法来初始化实例。每一次请求时都只是调用 doFilter()方法进行处理。停止服务器时调用 destroy()方法，销毁实例。

1. 将过滤行为放入 doFilter 方法

doFilter 方法为大多数过滤器的关键部分。每当调用一个过滤器时，都要执行 doFilter。对于大多数过滤器来说，doFilter 执行的步骤是基于传入的信息的。因此，可能要利用作为 doFilter 的第一个参数提供的 ServletRequest。这个对象常常构造为 HttpServletRequest 类型，以提供对该类的更特殊的方法的访问。

2. 调用 FilterChain 对象的 doFilter 方法

Filter 接口的 doFilter 方法以一个 FilterChain 对象作为它的第三个参数。在调用该对象的 doFilter 方法时，激活下一个相关的过滤器。这个过程一般持续到链中最后一个过滤器为止。在最后一个过滤器调用其 FilterChain 对象的 doFilter 方法时，激活 Servlet 或页面自身。但是，链中的任意过滤器都可以通过不调用其 FilterChain 的 doFilter 方法中断这个过程。在这样的情况下，不再调用 JSP 页面的 Serlvet，并且中断此调用过程的过滤器负责将输出提供给客户机。

3. 对适当的 Servlet 和 JSP 页面注册过滤器

web.xml 中有两个用于过滤器的元素，分别是 filter 和 filter-mapping。filter 元素向系统注册一个过滤对象，filter-mapping 元素指定该过滤对象所应用的 URL，filter 的注册和映射代码如下。

```
<web-app>
  <filter>
    <filter-name>MyFilter</filter-name>
    <filter-class>myPackage.FilterClass</filter-class>
  </filter>
  <filter-mapping>
    <filter-name>MyFilter</filter-name>
    <url-pattern>/someDirectory/SomePage.jsp</url-pattern>
  </filter-mapping>
</web-app>
```

4. 禁用激活器 Servlet（防止用户利用缺省 servlet URL 绕过过滤器设置）

在对资源应用过滤器时，可通过指定要应用过滤器的 URL 模式或 Servlet 名来完成。如果提供 Servlet 名，则此名称必须与 web.xml 的 Servlet 元素中给出的名称相匹配。如果使用应用到一个 Serlvet 的 URL 模式，则此模式必须与利用 web.xml 的元素 servlet-mapping 指定的模式相匹配。但是，多数服务器使用“激活器 Servlet”为 Servlet 体统一个缺省的 URL：http://host/WebAppPrefix/servlet/ServletName。需要保证用户不利用这个 URL 访问 Servlet（这样会绕过过滤器设置）。

4.3.3 Filter 应用场景

（1）统一 POST 请求中文字符编码的过滤器。控制浏览器缓存页面中的静态资源的过滤器，有些动态页面中引用了一些图片或 CSS 文件以修饰页面效果，这些图片和 CSS 文件经常是不变化的，所以为减轻服务器的压力，可以使用 Filter 控制浏览器缓存这些文件，以提升服务器的性能。

（2）使用 Filter 实现 URL 级别的权限认证。在实际开发中我们经常把一些执行敏感操作的 Servlet 映射到一些特殊目录中，并用 Filter 把这些特殊目录保护起来，限制只能拥有相应访问权限的用户才能访问这些目录下的资源，从而在系统中实现一种 URL 级别的权限功能。

（3）实现用户自动登录。首先，在用户登录成功后，发送一个名称为 user 的 cookie 给客户端，cookie 的值为用户名和 md5 加密后的密码。编写一个 AutoLoginFilter，这个 Filter 检查用户是否带有名称为 user 的 cookie，如果有，则调用 dao 查询 cookie 的用户名和密码是否与数据库匹配，若匹配，则向 session 中存入 user 对象（即用户登录标记），以实现程序完成自动登录。

4.4 监听器

监听器 Listener 监听某个事件的发生、状态的改变，它可以监听客户端的请求、服务端的操作等。通过监听器，可以自动激发一些操作，如 ServletContext、ServletSession、ServletRequest 的创建和销毁，以及变量的创建和销毁等。绝大多数监听器是通过接口回调机制实现的。

监听器的主要用途包括统计在线人数、利用 HttpSessionListener、加载初始化信息、利用 ServletContextListener、统计网站访问量、实现访问监控等。

4.4.1 工作原理

Listener 监听器就是一个实现特定接口的 Java 类，用于监听一个 Java 对象的方法调用或属性改变，当被监听对象出现方法调用或属性改变后，监听器某个方法将立即被执行。Listener 的工作原理如图 4.34 所示。

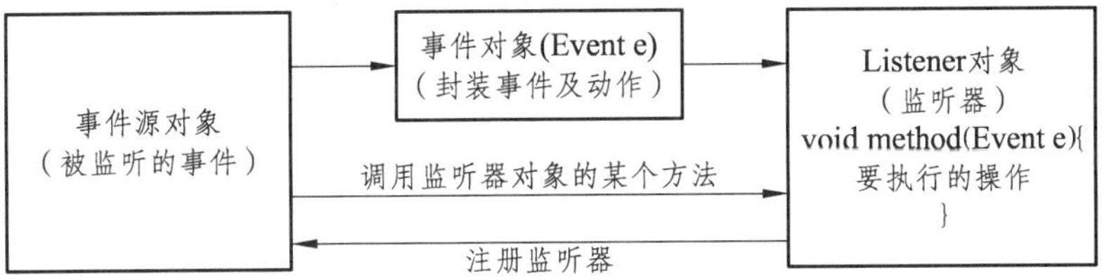

图 4.34 监听器的工作原理

由 4.34 可以看出，事件监听涉及 3 个组件，即事件源对象、事件对象、Listener 对象。事件源对象要和 Listener 对象绑定，当事件源对象执行某一个动作时，它会调用 Listener 对象的一个方法，并在调用该方法时传入事件对象（即 Event 对象），事件对象中封装了事件源对象和与其动作的相关信息，Listener 对象通过传入的事件对象可以获取事件源对象，从而对事件源对象进行操作。

4.4.2 创建 Listener 监听器

创建 Listener 监听器主要有两种方法：第一种创建一个 Listener 类，实现监听器接口，将创建好的 Listener 类配置到 Web 应用中；第二种通过 IDE 创建，创建过程打开 Eclipse，新建 Web 工程 chapter13，右击工程名，在弹出的菜单中选择 NEW→Listener 命令，进入创建 Listener 的界面。

4.4.3 监听器的分类及应用

监听器的根据 Servlet 对象可以将监听器划分为三种：ServletContext、ServletSession 和 ServletRequest。

（1）ServletContex：对应监控 application 内置对象的创建和销毁。当 Web 容器开启时，执行 contextInitialized 方法；当容器关闭或重启时，执行 contextDestroyed 方法。实现方式：直接实现 ServletContextListener 接口监听器的应用，代码如下：

```
package com.learn;
import javax.servlet.ServletContext;
import javax.servlet.ServletContextEvent;
import javax.servlet.ServletContextListener;
import java.io.*;
public class MyServletContextListener implements ServletContextListener {
 @Override
 public void contextInitialized(ServletContextEvent sce) {
  System.out.println("Webapp initital.......");
  ServletContext servletContext = sce.getServletContext();
  InputStreamReader inputStreamReader = new InputStreamReader(servletContext.getResource
AsStream("/count/count.txt"));
  BufferedReader bufferedReader = new BufferedReader(inputStreamReader);
  try {
   int icount = Integer.parseInt(bufferedReader.readLine());
   icount++;
   servletContext.setAttribute("count",icount);
   System.out.println("Webapp initital success");
  } catch (IOException e) {
   e.printStackTrace();
  }
 }

 @Override
 public void contextDestroyed(ServletContextEvent sce) {
  System.out.println("webApp destroyed ........");
  ServletContext servletContext = sce.getServletContext();
  Integer count = (Integer) servletContext.getAttribute("count");
  if(count != null){
   count ++;
   String filePath = servletContext.getRealPath("/count");
   filePath = filePath+"/count.txt";
   try {
```

```
        PrintWriter printWriter = new PrintWriter(filePath);
        printWriter.write(count);
        printWriter.close();
        System.out.println("webApp desdroyed success ");
      } catch (FileNotFoundException e) {
        e.printStackTrace();
      }
    }
  }
}
```

（2）HttpSession 监控：对应监控 session 内置对象的创建和销毁。当打开一个新的页面时，开启一个 session 会话，执行 sessionCreated 方法；当页面关闭 session 过期时，或者容器关闭销毁时，执行 sessionDestroyed 方法。实现方式：直接实现 HttpSessionListener 接口，代码如下：

```
package com.learn;
import javax.servlet.http.HttpSession;
import javax.servlet.http.HttpSessionEvent;
import javax.servlet.http.HttpSessionListener;
public class MySessionListener implements HttpSessionListener{
  @Override
  public void sessionCreated(HttpSessionEvent se) {
    HttpSession session = se.getSession();
    System.out.println("新建 session，sessionId："+session.getId());
  }
  @Override
  public void sessionDestroyed(HttpSessionEvent se) {
    HttpSession session = se.getSession();
    System.out.println("销毁 session，sessionId："+session.getId());
  }
}
```

（3）ServletRequest 监控：对应监控 request 内置对象的创建和销毁。当访问某个页面时，发出一个 request 请求，执行 requestInitialized 方法；当页面关闭时，执行 requestDestroyed 方法。实现方式是直接实现 ServletRequestListener 接口，代码如下：

```
package com.learn;

import javax.servlet.ServletRequestEvent;
import javax.servlet.ServletRequestListener;
import javax.servlet.http.HttpServletRequest;

public class MyRequestListener implements ServletRequestListener {
```

```
  @Override
  public void requestDestroyed(ServletRequestEvent sre) {


    HttpServletRequest request = (HttpServletRequest) sre.getServletRequest();
    Long date = System.currentTimeMillis()-(Long) (request.getAttribute("dateCreated"));
    System.out.println("消耗时间： "+date);
  }

  @Override
  public void requestInitialized(ServletRequestEvent sre) {
    HttpServletRequest request = (HttpServletRequest) sre.getServletRequest();
    String uri = request.getRequestURI();
    uri = request.getQueryString() == null ? uri : (uri + "?" + request.getQueryString());

    request.setAttribute("dateCreated", System.currentTimeMillis());
    System.out.println("IP:"+request.getRemoteAddr()+"URI:"+uri);

  }
}
```

（4）监听器 web.xml 的配置：

```
<listener>
  <listener-class>com.learn.MyServletContextListener</listener-class>
</listener>
<listener>
  <listener-class>com.learn.MySessionListener</listener-class>
</listener>
<listener>
  <listener-class>com.learn.MyRequestListener</listener-class>
</listener>
```

本章小结

本章详细讲解了 Servlet 技术的相关知识，首先讲解了 JavaBean 技术，然后分别讲解了 Servlet 技术的概述、生命周期、创建以及 AJAX 技术，接着讲解了 Servlet 的拦截器和监听器。

思考与提高

1. JSP 页面如何使用 JavaBean?JavaBean 的访问范围有几种？
2. Web 服务器在与客户端交互时 Servlet 的工作过程是怎么样的？

第 5 章　JDBC 技术

在 Web 开发中，数据库的支持是必不可少的。为了在 Java 语言中提供对数据库访问的支持，Sun 公司于 1996 年提供了一套访问数据库的标准 API，即 JDBC。目前，主流的数据库提供商均在自己的驱动中实现了 JDBC 提供的接口。本章将对 JDBC 相关知识进行详细讲解。

5.1　JDBC 概述

Java 数据库连接 JDBC 是 Java 语言中用来规范客户端程序访问数据库的应用程序接口，提供了诸如查询和更新数据库中数据的方法。JDBC 也是 Sun Microsystems 的商标。狭义说的 JDBC 是面向关系型数据库的。

5.1.1　JDBC 简介

JDBC（Java DataBase Connectivity，Java 数据库连接）是一种用于执行 SQL 语句的 Java API，可以为多种关系数据库提供统一访问，它由一组用 Java 语言编写的类和接口组成。JDBC 提供了一种基准，据此可以构建更高级的工具和接口，使数据库开发人员能够编写数据库应用程序。

安装好数据库之后，应用程序也是不能直接使用数据库的，必须要通过相应的数据库驱动程序，通过驱动程序去和数据库打交道。其实也就是数据库厂商的 JDBC 接口实现，即对 Connection 等接口的实现类的 jar 文件。

应用程序使用 JDBC 访问特定的数据库时，需要与不同的数据库驱动进行连接。由于不同数据库厂商提供的数据库驱动不同，为了使应用程序与数据库真正建立连接，JDBC 不仅需要提供访问数据库的 API，还需要封装与各种数据库服务器通信的细节，如图 5.1 所示。

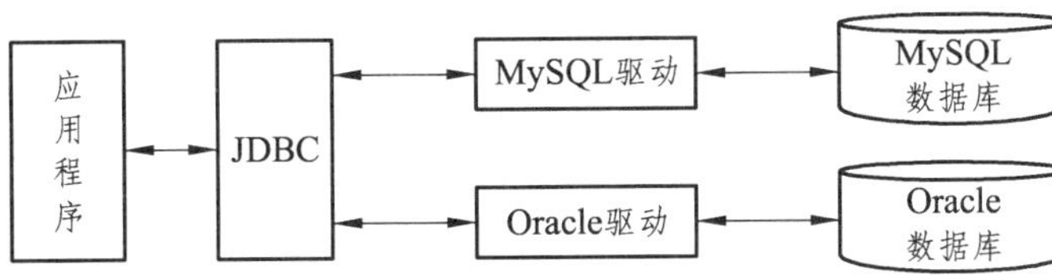

图 5.1　应用程序通过 JDBC 实现与数据库的连接

JDBC 具有自身独特的体系结构，具体如图 5.2 所示。由图 5.2 可以看出，JDBC 的体系结构由三层组成，具体如下：

JDBC 驱动管理器：负责注册特定的 JDBC 驱动器，主要通过 java.sql.DriverManager 类实现。

JDBC 驱动器 API：由 SUN 公司负责制定，其中最主要的接口是 java.sql.Driver 接口。

JDBC 驱动器：由数据库厂商创建，也称为 JDBC 驱动程序。JDBC 驱动器实现了 JDBC 驱动器 API，负责与特定的数据库连接，以及处理通信细节。

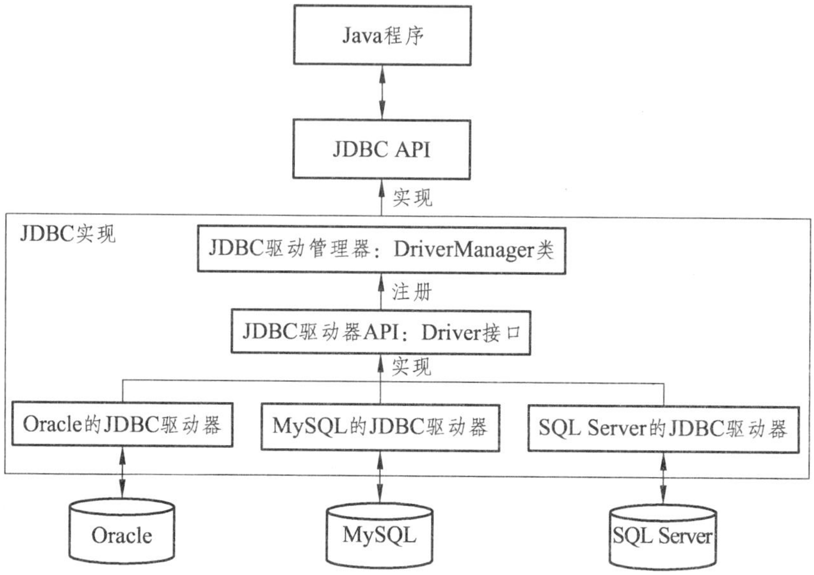

图 5.2　JDBC 的体系结构

5.1.2　JDBC 常用 API

JDBC 定义了一系列操作数据库的接口和类，这些接口和类位于 java.sql 包中。本节将详细介绍 JDBC 的常用 API。

Driver 接口：由数据库厂家提供，作为 Java 开发人员，只需要使用 Driver 接口就可以了。在编程中要连接数据库，必须先装载特定厂商的数据库驱动程序，不同的数据库有不同的装载方法。例如，装载 MySQL 驱动：Class.forName("com.mysql.jdbc.Driver")；装载 Oracle 驱动：Class.forName("oracle.jdbc.driver.OracleDriver")。

Connection 接口：Connection 与特定数据库的连接（会话），在连接上下文中执行 SQL 语句并返回结果。DriverManager.getConnection(url, user, password)方法建立在 JDBC URL 中定义的数据库 Connection 连接上。

连接 MySQL 数据库：

```
Connection conn = DriverManager.getConnection("jdbc:mysql://host:port/database", "user", "password");
```

连接 Oracle 数据库：

```
Connection conn = DriverManager.getConnection("jdbc:oracle:thin:@host:port:database", "user", "password");
```

连接 SQLServer 数据库：

```
Connection conn = DriverManager.getConnection("jdbc:microsoft:sqlserver://host:port; DatabaseName=database", "user", "password");
```

常用方法见表 5.1。

表 5.1　Connection 接口的常用方法

方法名	描述
createStatement()	创建向数据库发送 SQL 的 statement 对象
prepareStatement(sql)	创建向数据库发送预编译 SQL 的 PrepareSatement 对象
prepareCall(sql)	创建执行存储过程的 callableStatement 对象
setAutoCommit(boolean autoCommit)	设置事务是否自动提交
commit()	在链接上提交事务
rollback()	在此链接上回滚事务

Statement 接口：用于执行静态 SQL 语句并返回它所生成结果的对象，包含 3 种 Statement 类。Statement：由 createStatement 创建，用于发送简单的 SQL 语句（不带参数）。Prepared Statement：继承自 Statement 接口，由 preparedStatement 创建，用于发送含有一个或多个参数的 SQL 语句。PreparedStatement 对象比 Statement 对象的效率更高，并且可以防止 SQL 注入，所以一般都使用 PreparedStatement。CallableStatement：继承自 PreparedStatement 接口，由方法 prepareCall 创建，用于调用存储过程。常用 Statement 方法见表 5.2。

表 5.2　Statement 接口的常用方法

方法名	描述
execute(String sql)	运行语句，返回是否有结果集
executeQuery(String sql)	运行 select 语句，返回 ResultSet 结果集
executeUpdate(String sql)	运行 insert/update/delete 操作，返回更新的行数
addBatch(String sql)	把多条 SQL 语句放到一个批处理中
executeBatch()	向数据库发送一批 SQL 语句执行

ResultSet 接口：提供检索不同类型字段的方法和对结果集进行滚动的方法。常用方法见表 5.3。

表 5.3　ResultSet 接口的常用方法

方法名	描述
getString(int index) getString(String columnName)	获得在数据库里是 varchar、char 等类型的数据对象
getFloat(int index) getFloat(String columnName)	获得在数据库里是 Float 类型的数据对象
getDate(int index) getDate(String columnName)	获得在数据库里是 Date 类型的数据
getBoolean(int index) getBoolean(String columnName)	获得在数据库里是 Boolean 类型的数据
next()	移动到下一行
Previous()	移动到前一行
absolute(int row)	移动到指定行
beforeFirst()	移动到 resultSet 的最前面
afterLast()	移动到 resultSet 的最后面

5.1.3 JDBC 的开发步骤

JDBC 开发包含以下步骤：

（1）装载相应的数据库的 JDBC 驱动并进行初始化。

（2）建立 JDBC 和数据库之间的 Connection 连接。

（3）创建 Statement 或者 PreparedStatement 接口，执行 SQL 语句。

（4）处理和显示结果。

（5）释放资源。

例如，实现一个 JDBC 程序。

加载并注册数据库驱动（Driver 类）：

```
Class.forName("com.mysql.jdbc.Driver");
```

准备连接数据库的参数：

```
String url = "jdbc:mysql://localhost:3306/chapter05";
String user = "root";
String password = "123456";
```

获取数据库连接（Connection 对象）：

```
Connection conn = DriverManager.getConnection(url, user, password);
```

获取 SQL 语句执行者（Statement 对象）：

```
Statement stmt = conn.createStatement();
```

执行 SQL 语句：

```
String sql = "select * from student where sname='zhangsan' ";//准备要执行的 SQL 语句
ResultSet rs = stmt.executeQuery(sql);
```

操作结果集（ResultSet 对象）：

```
System.out.println("sid | sname | age | course");//打印表头
while (rs.next()) {//遍历结果集
    int sid = rs.getInt("sid");
    String sname = rs.getString("sname");
    String age = rs.getString("age");
    String course = rs.getString("course");
    System.out.println(sid+" | "+sname+" | "+age+" | "+course);
}
```

回收数据库资源，使用后依次关闭对象及连接顺序是：ResultSet→Statement→Connection。

```
rs.close();
stmt.close();
conn.close();
```

5.1.4 JDBC 的封装

从上面的案例可以看出，所有代码都在 main()方法中，这样不利于代码的复用。一个项目会多次访问并连接数据库，实现对数据库的增、删、查、改操作，就会多次重复使用操作数据库的代码。为了解决代码重复使用的问题，提高代码的利用率，Java 的特点之一就是封装，可以通过封装来解决代码冗余问题。

封装连接数据库和关闭数据库连接的方法，具体代码如图 5.3 所示。

图 5.3　连接与关闭数据库代码

新建模型层，新建一个 Student 的 JavaBean 类，并创建构造方法和对应的 getter 和 setter 方法：

```
package com.tom.model;

public class Student {
private int sid;
    private String sname;
private String age;
private String course;
public Student() {
    super();
}
public Student(int sid, String sname, String age, String course) {
    super();
    this.sid = sid;
    this.sname = sname;
    this.age = age;
    this.course = course;
}
public int getSid() {
    return sid;
}
public String getSname() {
    return sname;
}
public String getAge() {
```

```
        return age;
    }
    public String getCourse() {
        return course;
    }
      public void setSid(int sid) {
        this.sid = sid;
      }
    public void setSname(String sname) {
        this.sname = sname;
    }
    public void setAge(String age) {
        this.age = age;
      }
    public void setCourse(String course) {
        this.course = course;
    }
    @Override
    public String toString() {
        return "Student [sid="+sid+",sname="+sname+",age="+age+",course="+course+"]";
    }
    }
```

新建服务层，核心代码如图 5.4 所示。

```
@Override
protected void doPost(HttpServletRequest request, HttpSe vletRe ponse response) thro
    // TODO Auto-generated method stub
    //控制层 ----服务层----数据访问层。。。。

    String name=request.getParameter("name");
    String age=request.getParameter("age");
    Student student=new Student(name, age);
    try {
        int result=test.addStudent2(student) ;
        if (result==1) {
              System.out.println("添加成功！");
            }else {
              System.out.println("添加失败！"); 在这个时候去调用的服务层
            }
    } catch (Exception e) {
        // TODO Auto-generated catch block
        e.printStackTrace();
    }
```

图 5.4　服务层代码

前端的页面数据传递到后台交给控制层处理，核心代码如图 5.5 所示，运行效果如图 5.6 所示。

```
<body>
    <h1>注册信息</h1><hr color=red>
    <form action="register">
    姓名：<input type="text" name="name"><br><br>
    年龄：<input type="text" name="age"><br><br>
    <input type="submit" value="提交">

    </form>
</body>
</html>
```

图 5.5　前端页面代码

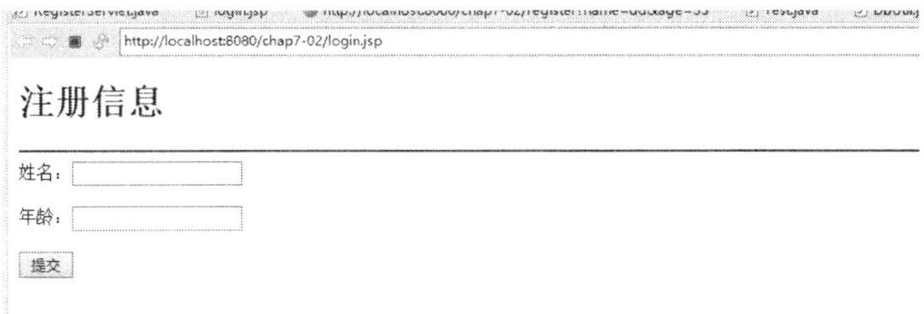

图 5.6　运行效果

MVC 模式代表 Model-View-Controller（模型-视图-控制器）模式。这种模式用于应用程序的分层开发。MVC 模式开始是存在于桌面程序中的，M 是指业务模型，V 是指用户界面，C 则是控制器。

Model（模型）：模型代表一个存取数据的对象或 JAVA POJO。它也可以带有逻辑，在数据变化时更新控制器。

View（视图）：视图代表模型包含的数据的可视化。

Controller（控制器）：控制器作用于模型和视图上。它控制数据流向模型对象，并在数据变化时更新视图。它使视图与模型分离开。

使用 MVC 的目的是将 M 和 V 的实现代码分离，从而使同一个程序可以使用不同的表现形式。具体结构如图 5.7 所示。

图 5.7　MVC 模式的项目结构

5.1.5 JDBC 处理事务

1. 事务的概念

事务，是指数据库中的一个操作序列，它由一条或多条 SQL 命令所组成，这些 SQL 命令不可分割，只有当事务中的所有 SQL 命令被成功执行后，整个事务引发的操作才会被更新到数据库。如果有一条执行失败，所有操作都将会被取消。

自动提交事务：设置自动提交事务的方法如图 5.8 所示。

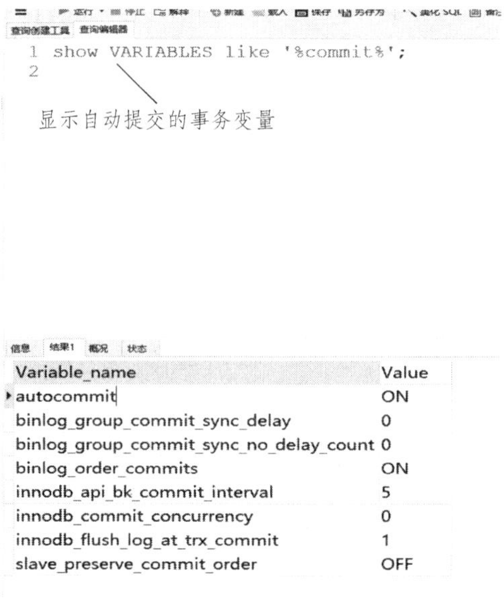

图 5.8　设置自动提交事务

手动提交事务：即是将自动提交事务功能关闭，其中 0 表示关闭“off”，1 表示打开“on”，其设置结果如图 5.9 所示。

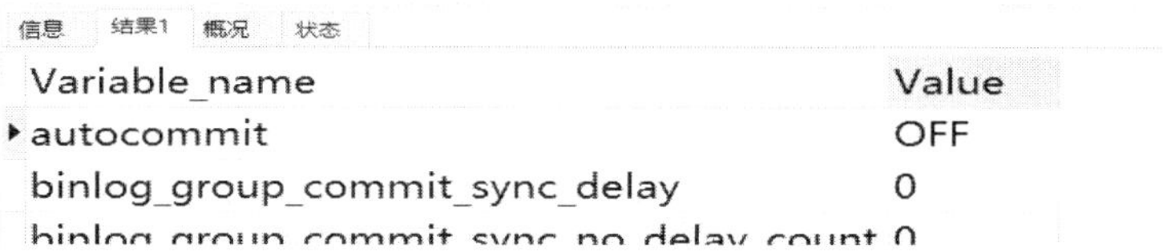

图 5.9　设置手动提交事务

2. 事务的 ACID 属性

ACID，是数据库事务正确执行的 4 个基本要素的缩写，它包含原子性(Atomicity)、一致性(Consistency)、隔离性（Isolation）和持久性（Durability）。一个支持事务的数据库，必须具有这 4 种特性，否则在事务管理中无法保证数据的正确性。

原子性（Atomicity）：事务开始后所有操作，要么全部做完，要么全部不做，不可能停滞在中间环节。事务执行过程中出错，会回滚到事务开始前的状态，所有的操作就像没有发生一样。

也就是说事务是一个不可分割的整体，就像化学中学过的原子，是物质构成的基本单位。

一致性（Consistency）：事务开始前和结束后，数据库的完整性约束没有被破坏。比如 A 向 B 转账，不可能 A 扣了钱，B 却没收到。

隔离性（Isolation）：同一时间，只允许一个事务请求同一数据，不同的事务之间彼此没有任何干扰。比如 A 正在从一张银行卡中取钱，在 A 取钱的过程结束前，B 不能向这张卡转账。

持久性（Durability）：事务完成后，事务对数据库的所有更新将被保存到数据库，不能回滚。

3. 事务的并发问题

脏读：事务 A 读取了事务 B 更新的数据，然后 B 回滚操作，那么 A 读取到的数据是脏数据。

不可重复读：事务 A 多次读取同一数据，事务 B 在事务 A 多次读取的过程中，对数据作了更新并提交，导致事务 A 多次读取同一数据时，结果不一致。

幻读：系统管理员 A 将数据库中所有学生的成绩从具体分数改为 A、B、C、D、E 等级，但是系统管理员 B 就在这个时候插入了一条具体分数的记录，当系统管理员 A 改结束后发现还有一条记录没有改过来，就好像发生了幻觉一样，这就叫幻读。

4. 事务的隔离级别

事务的隔离性：当多个线程都开启事务操作数据库中的数据时，数据库系统要能进行隔离操作，以保证各个线程获取数据的准确性。具体的隔离级别见表 5.4。

表 5.4　事务的隔离级别

事务隔离级别	脏读	不可重复读	幻读
读未提交(read-uncommitted)	是	是	是
不可重复读(read-committed)	否	是	是
可重复读(repeatable-read)	否	否	是
串行化(serializable)	否	否	否

5. JDBC 的事务处理示范

通过银行付款的例子，实现 JDBC 的事务处理功能，具体步骤如下：

通过 MySQL 数据库创建数据库和表，在表中插入两条记录，如图 5.10 所示。

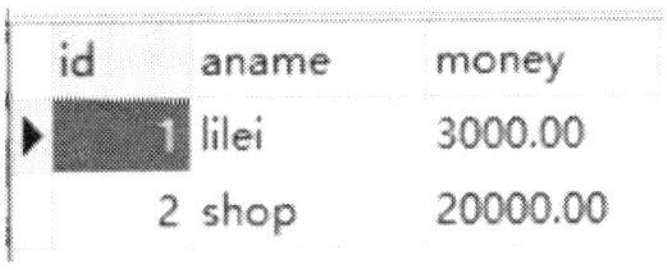

id	aname	money
1	lilei	3000.00
2	shop	20000.00

图 5.10　数据库表记录

创建 Java 工程，在 lib 目录下，添加 MySQL 数据库的驱动 jar 包，并导入。

创建 TestPayment 类，模拟支付过程，核心代码如图 5.11 所示。

```
try {
    //获取驱动
    Class.forName(jdbcName);
    //获取connection对象
    conn=DriverManager.getConnection(dbUrl, dbUserName, dbPassword);
    //关闭事务自动提交
    conn.setAutoCommit(false);
    //aaa 账户付款2oo元
    PreparedStatement  pstm1=conn.prepareStatement(""
            + "update account set money=money-200 where name=?");
    pstm1.setString(1, "aaa");
    pstm1.executeUpdate();


    //bbb账户收款2oo元
     PreparedStatement  pstm2=conn.prepareStatement(""
            + "update account set money=money+200 where name=?");
     pstm2.setString(1, "bbb");
     pstm2.executeUpdate();
     //提交事务
     conn.commit();
     System.out.println("付款成功！");
     //执行完jdbc操作后关闭资源
    pstm1.close();
    pstm2.close();
```

图 5.11　TestPayment 类的核心代码

运行 TestPayment 类，运行结果如图 5.12 所示。

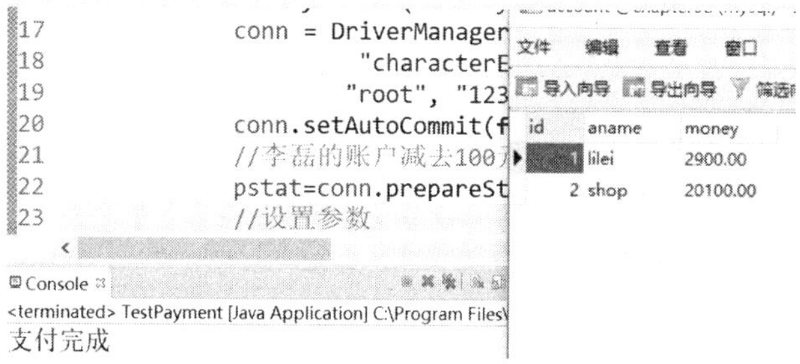

图 5.12　TestPayment 类的运行结果

5.2　数据库连接池

数据库连接池，简单地说，就是为数据库连接建立一个“缓冲池”。预先在缓冲池中放入一定数量的连接，当需要建立数据库连接时，只需从“缓冲池”中取出一个，使用完毕之后再放回去，具体如图 5.13 所示。

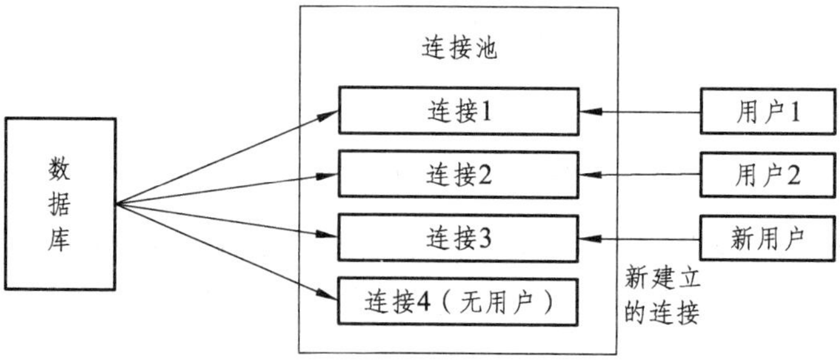

图 5.13　数据库连接池

数据库连接池负责分配、管理和释放数据库连接，它允许应用程序重复使用一个现有的数据库连接，而不是重新建立一个。数据库连接池对连接资源进行管理和调配，优势明显。

（1）资源重用。由于数据库连接得到重用，避免了频繁创建、释放连接引起的大量性能开销。在减少系统消耗的基础上，也增进了系统运行环境的平稳性，减少内存碎片以及数据库临时进程/线程的数量。

（2）更快的系统响应速度。数据库连接池在初始化过程中，往往已经创建了若干数据库连接置于池中备用。此时连接的初始化工作均已完成。对于业务请求处理而言，直接利用现有可用连接，避免了数据库连接初始化和释放过程的时间开销，从而缩减了系统整体响应时间。

（3）新的资源分配手段。对于多程序共享同一数据库的系统，可在应用层通过数据库连接池配置某一程序能够使用的最大数据库连接数，避免某一程序独占所有数据库资源。

（4）统一的连接管理，避免数据库连接泄露。在较为完备的数据库连接池的实现中，可根据预先的连接占用超时设定，强制收回被占用的连接，从而避免了常规数据库在连接操作中可能出现的资源泄露。

5.2.1 数据库的工作原理

连接池技术的核心思想是连接复用，通过建立一个数据库连接池以及一套连接使用、分配和管理策略，使得该连接池中的连接可以得到高效、安全的复用，避免了数据库连接频繁建立、关闭的开销。

连接池的工作原理主要由三部分组成，分别为连接池的建立、连接池中连接的使用管理、连接池的关闭。

1. 连接池的建立

一般在系统初始化时，连接池会根据系统配置建立，并在池中创建了几个连接对象，以便使用时能从连接池中获取。连接池中的连接不能随意创建和关闭，这样避免了连接随意建立和关闭造成的系统开销。Java 中提供了很多容器类可以方便地构建连接池，如 Vector、Stack 等。

2. 连接池的管理

连接池管理策略是连接池机制的核心，连接池内连接的分配和释放对系统的性能有很大的影响。其管理策略是：

当客户请求数据库连接时，首先查看连接池中是否有空闲连接，如果存在空闲连接，则将连接分配给客户使用；如果没有空闲连接，则查看当前所开的连接数是否已经达到最大连接数，如果没达到就重新创建一个连接给请求的客户；如果达到就按设定的最大等待时间进行等待，如果超出最大等待时间，则抛出异常给客户。

当客户释放数据库连接时，先判断该连接的引用次数是否超过了规定值，如果超过就从连接池中删除该连接，否则保留为其他客户服务。

该策略保证了数据库连接的有效复用，避免频繁的建立、释放连接所带来的系统资源开销。

3. 连接池的关闭

当应用程序退出时，关闭连接池中所有的连接，释放连接池相关的资源，该过程正好与创建相反。

5.2.2 自定义数据库连接池

自定义一个数据库连接池，在运行时就建立，只需要创建一次，故定义一个静态代码块来生成数据库连接池，在类加载时执行一次。具体代码如图 5.14 所示。

```
private static LinkedList<Connection> mypool=new LinkedList<Connection>();
//静态代码块的作用：类加载时候执行一次
static {
    for(int i=0;i<3;i++) {
        try {
            Class.forName("com.mysql.jdbc.Driver");
            Connection conn=DriverManager.getConnection("jdbc:mysql://localhost:3306/:
            mypool.add(conn);
        } catch (ClassNotFoundException e) {
            // TODO Auto-generated catch block
            e.printStackTrace();
        }catch (Exception e) {
            // TODO: handle exception          自定义的连接池
        }
    }
```

图 5.14　自定义数据库连接池

通过定义数据库连接池的连接方法与回收方法，提高代码的复用性。具体代码如图 5.15 所示。

```
//获取连接———方法一
public static Connection getConnection() {
    //去掉集合的第一个元素 就是使用连接
    return mypool.removeFirst();
}
                          方法二
//将连接放回连接池
public static void releaseConnetion(Connection conn) {
    //把对象放回集合 就是放回连接池
    if (conn!=null) {
            mypool.add(conn);
    }
}
```

图 5.15　连接与回收数据库连接池

测试自定义的连接池，创建一个测试类 Test1，用来测试自定义的数据库连接池的连接与回收情况，以及通过控制台打印连接情况。具体代码如图 5.16 所示。

```
blic class Test1 {
  public static void main(String[] args) {

      for (int i = 0; i < 100; i++) {
          //从老师自定义的连接池去获取连接
          Connection conn=MyConnectionPool.getConnection();
          System.out.println(conn);

          // 要去把连接池里边的连接放回去，
          MyConnectionPool.releaseConnetion(conn);

      }

  }
```

图 5.16　自定义数据库连接池测试

5.3 DBCP 数据库连接池

DBCP 是数据库连接池（DataBase Connection Pool）的简称，是由 Apache 组织开发的开源数据库连接池。该连接池既可以与应用服务器整合使用，也可由应用程序独立使用。Tomcat 服务器即内置了该数据库连接池。

5.3.1 DBCP 相关 API

DBCP 数据库连接池通过 BasicDataSource 核心类实现 DataSource 接口，BasicDataSource 类提供了一套 API 来完成对连接池对象的配置和操作。BasicDataSource 类提供的方法见表 5.5。

表 5.5 BasicDataSource 类的方法

方法名	描 述
void setDriverClassName(String driverClassName)	设置连接数据库的驱动
void setUrl(String url)	设置连接数据库的路径
void setUsername(String username)	设置数据库用户名
void setPassword(String password)	设置数据库密码
void setMaxActive(int maxActive)	设置数据库连接池最大活动连接数
void setMinIdle(int minIdle)	设置数据库连接池最小连接数
void setInitialSize(int initialSize)	设置数据库连接池初始化的连接数
Connection getConnection()	获得连接

5.3.2 DBCP 数据库连接池使用

引入 DBCP 连接池的 jar 包 commons-dbcp-1.4.jar，其下载地址为：https://mvnrepository.com/，具体操作如图 5.17 所示。

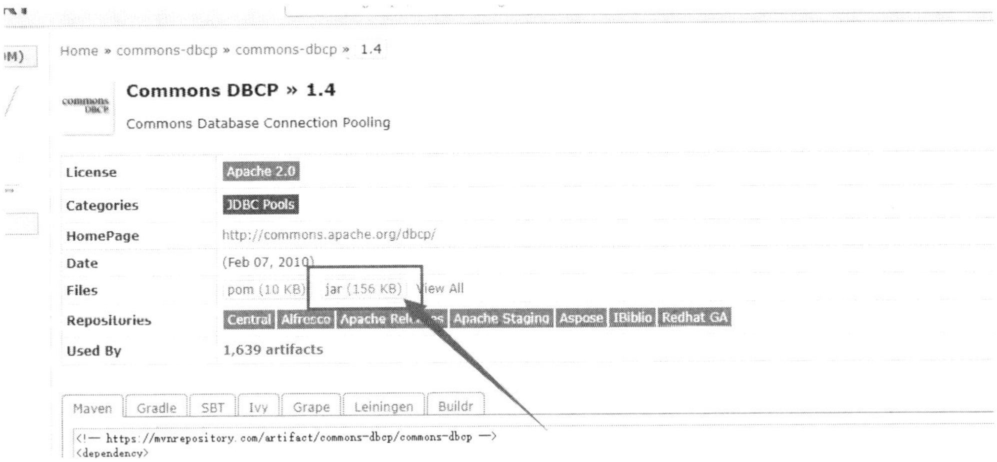

图 5.17 下载 DBCP 连接池 jar 包

新建 Java 工程，在工程的根目录下新建一个名为 dbcpjar 的文件夹，将第 1 步中下载的 jar 包复制到此文件夹，选中放入的 jar 包，右击选择 Build Path，再选择 Add to Build Path，操作步骤如图 5.18 所示。

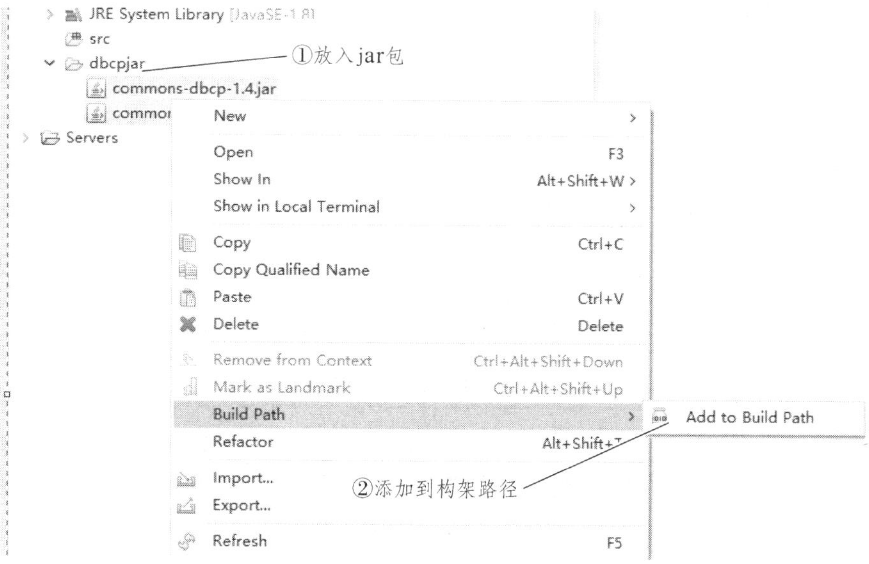

图 5.18　添加 DBCP 的 jar 包

测试 DBCP 数据库连接池，分别采用两种方法进行测试：第一种方法为直接通过代码进行测试，具体代码如图 5.19 所示；第二种方法为通过创建 DBCP 的配置文件，具体实现方式如图 5.20 所示。测试代码及测试结果如图 5.21 和 5.22 所示。

```
BasicDataSource dataSource=new BasicDataSource();
//四个关键的参数设置
dataSource.setDriverClassName("com.mysql.jdbc.Driver");
dataSource.setUrl("jdbc:mysql://localhost:3306/shiwu");
dataSource.setUsername("root");
dataSource.setPassword("123456");
//其他设置 数据库初始化的连接数
dataSource.setInitialSize(10);
//最大的空闲连接数， 最小的空闲连接数
dataSource.setMaxIdle(20);
dataSource.setMinIdle(3);
System.out.println(dataSource.getConnection());
```

图 5.19　编码测试 DBCP 数据库连接池

```
#链接的基本配置
driverClassName=com.mysql.jdbc.Driver
url=jdbc:mysql://localhost:3306/shiwu
username=root
password=123456
```

图 5.20　DBCP 的配置文件

```java
public static void main(String[] args) throws Exception {
    //用类加载器的方式去加载文件
    InputStream in=TestDbcp2.class.getClassLoader().getResourceAsStream("d
    //获取属性类
    Properties props=new Properties();
    props.load(in);
    //
    DataSource datasource=BasicDataSourceFactory.createDataSource(props);
    System.out.println(datasource.getConnection());
    System.out.println(PropertiesUtil.getValue("url"));


}
```

图 5.21　测试 DBCP 数据库连接池

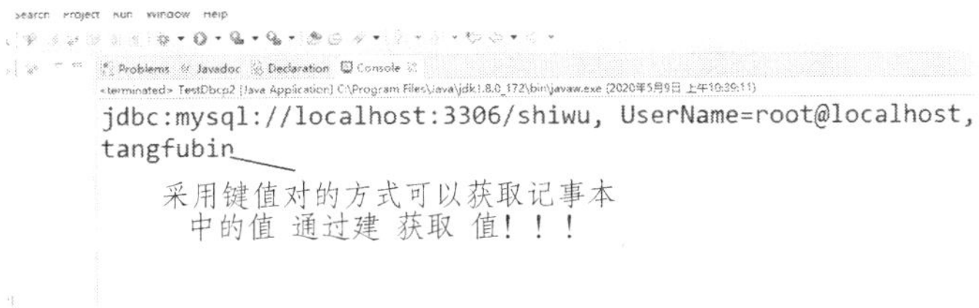

图 5.22　测试结果

5.4　C3P0 数据库连接池

C3P0 是使用较多的开源数据库连接池之一，它性能高效，支持 JDBC 定义的规范，扩展性好。在使用 C3P0 数据源开发时，C3P0 数据库连接池通过核心类 ComboPooledDataSource，实现 DataSource 接口，该核心类对数据源对象的相关方法见表 5.6。

表 5.6　ComboPooledDataSource 类的方法

方法名	描　述
void setDriverClassName(String driverClassName)	设置连接数据库的驱动名称
void setUrl(String url)	设置连接数据库的路径
void setUsername(String username)	设置数据库的登录账号
void setPassword(String password)	设置数据库的登录密码
void setInitialSize(int initialSize)	设置数据库连接池初始化的连接数目
void setMaxActive (int maxIdle)	设置数据库连接池最大活跃的连接数目
void setMinIdle(int minIdle)	设置数据库连接池最小闲置的连接数目
Connection getConnection()	从连接池中获取一个数据库连接

使用 C3P0 数据源，主要是对其核心类 ComboPooledDataSource 方法的调用，要调用核心类的方法，则要先获得核心类的对象，获得核心类对象的方法有两种，具体方法如下：

（1）直接创建 ComboPooledDataSource 对象并设置属性。首先，导入 C3P0 数据库连接池的 jar 包 c3p0-0.9.1.2.jar，下载地址如图 5.23 所示。

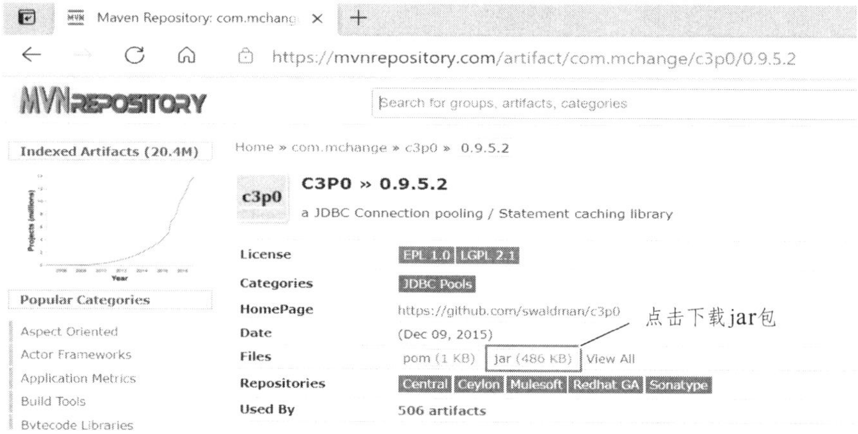

图 5.23 下载 C3P0 连接池的 jar 包

将下载的 jar 包复制到工程的 lib 目录下，右击 jar 包，选择 Build Path→Add to Build Path，完成 jar 包的导入。创建测试类 C3P0Demo01，具体代码如下：

```
package com.cdivtc.test;
import java.sql.SQLException;
import javax.sql.DataSource;
import com.mchange.v2.c3p0.ComboPooledDataSource;
public class C3P0Demo01 {
//准备一个静态数据源对象
public static DataSource ds = null;
//初始化 C3P0 数据源
static {//静态代码段，只执行一次
    ComboPooledDataSource cpds = new ComboPooledDataSource();
    //设置连接数据库的配置信息
    try {
        cpds.setDriverClass("com.mysql.jdbc.Driver");
        cpds.setJdbcUrl("jdbc:mysql://localhost:3306/chapter08");
        cpds.setUser("root");
        cpds.setPassword("123456");
        //设置连接池的参数
        cpds.setInitialPoolSize(5);
        cpds.setMaxPoolSize(15);
        ds = cpds;
    } catch (Exception e) {
        throw new ExceptionInInitializerError(e); // 抛出异常
    }
```

```
    }
    public static void main(String[] args) throws SQLException {
        // 获取数据库连接对象
        System.out.println(ds.getConnection());

    }
}
```

运行效果如图 5.24 所示，从运行结果可以看出，控制台显示出连接池中的 Connection 对象，可见 C3P0 数据库连接池成功获得了数据库连接对象。

图 5.24　直接创建核心类测试结果

（2）通过配置文件创建 ComboPooledDataSource 对象，通过此种方式，需要先创建 C3P0 数据库连接池的配置文件，文件名为 c3p0-config.xml，然后通过 ComboPooledDataSource 类的构造方法读取配置文件，并创建对象，最后调用对象方法获取连接。

首先，在 src 目录下创建一个名为 c3p0-config.xml 的配置文件，创建过程如图 5.25 和图 5.26 所示，具体代码如下：

图 5.25　C3P0 配置文件的位置

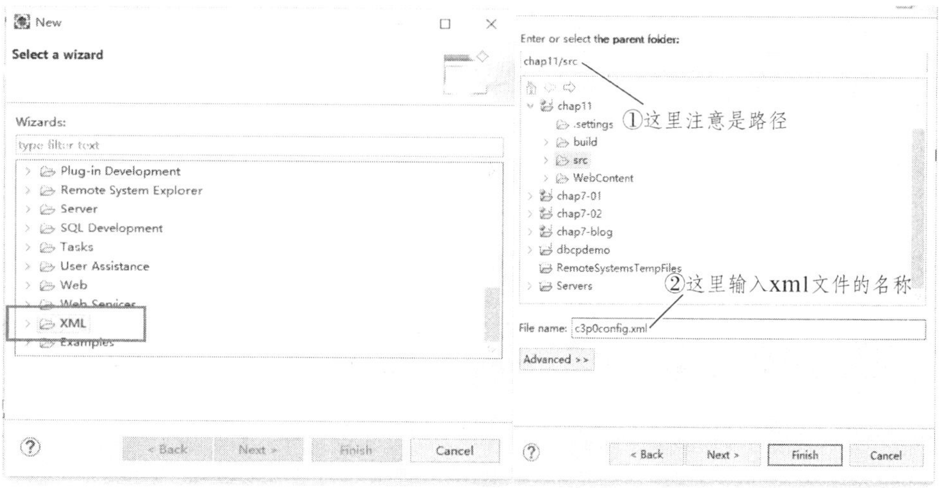

图 5.26　创建 C3P0 配置文件的过程

```
<?xml version="1.0" encoding="UTF-8"?>
<c3p0-config>
<!-- 默认配置，如果没有指定则使用这个配置 -->
<default-config>
    <property name="user">root</property>
    <property name="password">123456</property>
    <property name="driverClass">com.mysql.jdbc.Driver</property>
    <property name="jdbcUrl">jdbc:mysql://localhost:3306/chapter08</property>
</default-config>
<!-- 命名的配置，指定时使用 -->
<named-config name="cdivtc">
    <property name="user">root</property>
    <property name="password">123456</property>
    <property name="driverClass">com.mysql.jdbc.Driver</property>
    <property name="jdbcUrl">jdbc:mysql://localhost:3306/chapter08</property>
</named-config>
</c3p0-config>
```

此配置文件中有两个配置，<default-config></ default-config >标签括起来的为默认配置，在创建 ComboPooledDataSource 对象时没有指定 name 配置信息，则使用默认配置。<named-config name="cdivtc"></named-config>括起来的内容为命名配置，如果要使用，则在创建 ComboPooledDataSource 对象时指定 name 配置信息为“cdivtc”。

在 src 目录的 test 包下创建一个名为“C3P0Demo02”的类，用于测试。

```
package com.cdivtc.test;
import java.sql.SQLException;
import javax.sql.DataSource;
```

```java
import com.mchange.v2.c3p0.ComboPooledDataSource;
public class C3P0Demo02 {
public static DataSource ds = null;        //定义一个数据源对象
static {    //初始化 c3p0 数据源
    //ComboPooledDataSource cpds = new ComboPooledDataSource();//加载的默认的配置
    ComboPooledDataSource cpds = new ComboPooledDataSource("cdivtc");//指定的配置
    ds = cpds;
}
public static void main(String[] args) throws SQLException {
    System.out.println(ds.getConnection());// 获取数据库连接对象
}
}
```

运行测试类，运行结果如图 5.27 所示。

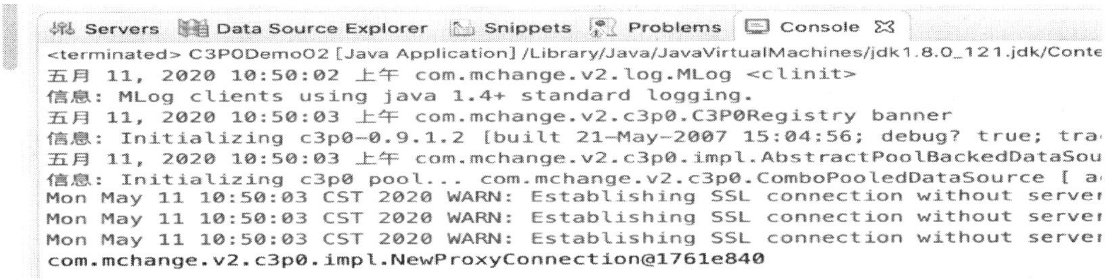

图 5.27　运行 C3P0Demo02 类的结果

5.5　Druid 数据库连接池

Druid 是开源平台上的一个数据库连接池，它结合了 C3P0、DBCP、PROXOOL 等 DB 池的优点，同时加入了日志监控，可以很好地监控 DB 池连接和 SQL 的执行情况，可以说是针对监控而生的 DB 连接池。Druid 的 DataSource 类为：com.alibaba.druid.pool.DruidDataSource。

Druid 具有很多优势：

（1）高性能。它的性能比 DBCP、C3P0 高很多。

（2）只要是 JDBC 支持的数据库，Druid 都支持，对数据库的支持性好，并且 Druid 针对 Oracle、MySQL 做了特别优化。

（3）提供监控功能。可以监控 SQL 语句的执行时间、ResultSet 持有时间、返回行数、更新行数、错误次数、错误堆栈等信息，了解连接池、SQL 语句的工作情况，方便统计、分析 SQL 的执行性能。

Druid 数据库连接池的使用同 JDBC 和 C3P0 一样，主要是对其核心类 DruidDataSource 方法的调用，要调用核心类的方法，则要先获得核心类的对象，获得核心类对象的方法有两种，具体方法如下：

（1）直接创建 DruidDataSource 对象并设置属性，实现步骤如下：

导入 Druid 数据库连接池的 jar 包 druid-1.1.10.jar，下载地址如图 5.28 所示。

图 5.28　下载 Druid 数据库连接池 jar 包

将下载的 jar 包复制到工程的 lib 目录下，右击 jar 包，选择 Build Path→Add to Build Path，完成 jar 包的导入。

创建测试类 DruidDemo01，具体代码如下：

```
package com.cdivtc.test;
import java.sql.SQLException;
import javax.sql.DataSource;
import com.alibaba.druid.pool.DruidDataSource;
public class DruidDemo01 {
public static DataSource ds = null;        //准备一个静态数据源对象
static {//静态代码段，只执行一次
    DruidDataSource dds = new DruidDataSource();//实现一个 Druid 的类对象
    try {//设置连接数据库的配置信息
        dds.setDriverClassName("com.mysql.jdbc.Driver");
        dds.setUrl("jdbc:mysql://localhost:3306/chapter08");
        dds.setUsername("root");
        dds.setPassword("123456");
        //设置连接池的参数
        dds.setInitialSize(5);
        dds.setMaxActive(15);
        dds.setMinIdle(3);
        ds = dds;
    } catch (Exception e) {// 抛出异常
        throw new ExceptionInInitializerError(e);
        }
    }

public static void main(String[] args) throws SQLException {
```

```
        System.out.println(ds.getConnection());
    }
}
```

运行 DruidDemo01 类，运行结果如图 5.29 所示。

```
<terminated> DruidDemo01 [Java Application] /Library/Java/JavaVirtualMachines/jdk1.8.0_121.jdk/Contents/Home/bin/java (May 11, 2020, 12:07:45 PM)
五月 11, 2020 12:07:47 下午 com.alibaba.druid.pool.DruidDataSource info
信息: {dataSource-1} inited
com.mysql.jdbc.JDBC4Connection@2aafb23c
```

图 5.29　DruidDemo01 运行结果

（2）通过配置文件创建 DruidDataSource 对象。

通过此种方式，需要先创建 Druid 数据库连接池的配置文件，文件名为 druid.properties，然后通过 DruidDataSource 类的构造方法读取配置文件，并创建对象，最后调用对象方法获取连接。具体步骤如下：

在 src 目录下创建一个名为“druid.properties”的配置文件，配置文件的具体代码如下：

```
#连接数据库配置
driverClassName=com.mysql.jdbc.Driver
url=jdbc:mysql://localhost:3306/chapter08
username=root
password=123456
#配置连接参数
initialSize=5
maxActive=10
maxWait=3000
maxIdle=6
minIdle=3
```

创建测试类 DruidDemo02，具体代码如下：

```
package com.cdivtc.test;
import java.io.InputStream;
import java.sql.Connection;
import java.sql.PreparedStatement;
import java.sql.ResultSet;
import java.util.Properties;
import javax.sql.DataSource;
import com.alibaba.druid.pool.DruidDataSourceFactory;
public class DruidDemo02 {
public static void main(String[] args) throws Exception {
    // 用类加载器的方法加载文件
    // 加载配置文件，通过输入流的方式来加载
    InputStream in = DruidDemo02.class.getClassLoader().
getResourceAsStream("druid.properties");
```

```java
        // 实例化一个配置对象
        Properties prop = new Properties();
        // 加载获取的输入流
        prop.load(in);
        // 创建连接池，使用配置文件中的参数
        DataSource ds = DruidDataSourceFactory.createDataSource(prop);
        // 获得连接
        Connection conn = ds.getConnection();
        // 打印连接
        System.out.println(conn);
        //1. 向 account 数据库中插入一条记录
        //准备 SQL 语句
        String sql = "insert into account values(null,?,?)";
        PreparedStatement pstat = conn.prepareStatement(sql);
        //设置参数
        pstat.setString(1, "王五");
        pstat.setDouble(2, 3000);
        //执行更新操作
        int num = pstat.executeUpdate();
        System.out.println(num);
        //2. 查询 account 表中的所有数据，并打印出来
        //准备 SQL 语句
        sql = "select * from account";
        pstat = conn.prepareStatement(sql);
        //获取查询结果集
        ResultSet rs = pstat.executeQuery();
        //处理结果集
        while (rs.next()) {
            int id = rs.getInt("id");
            String aname = rs.getString("aname");
            double money = rs.getDouble("money");
            System.out.println("id="+id+",aname="+aname+",money="+money);
        }
    }
}
```

运行 DruidDemo02 类，测试结果如图 5.30 所示。

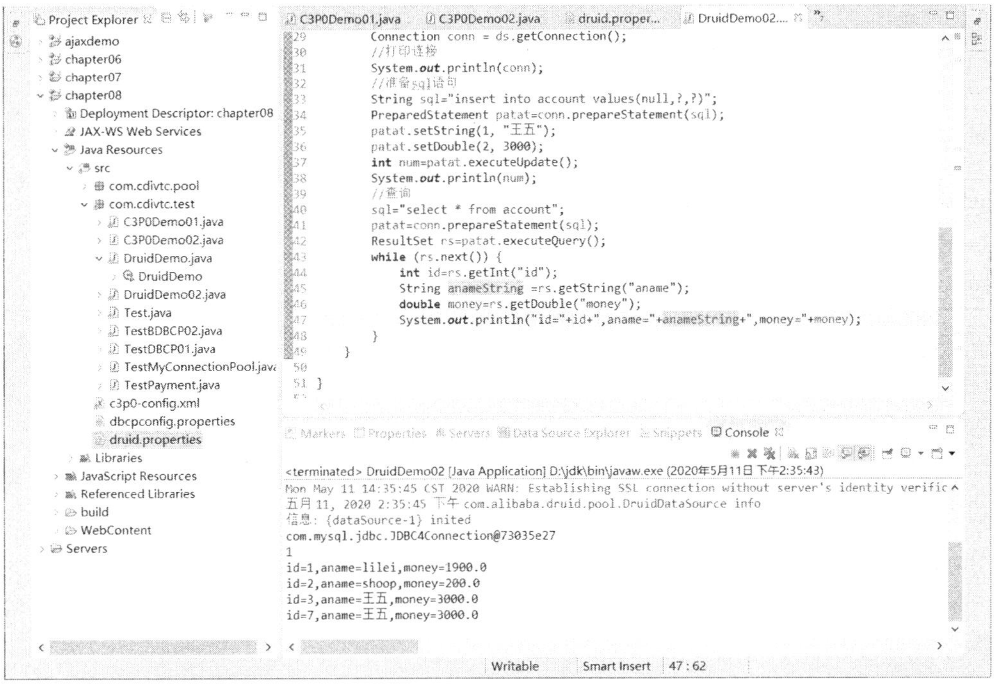

图 5.30　DruidDemo02 类运行结果

5.6　Dbutils 工具包

Commons Dbutils 是 Apache 组织提供的一个对 JDBC 进行简单封装的开源工具类库，使用它能够简化 JDBC 应用程序的开发，同时也不会影响程序的性能。Dbutils 是 Java 编程中的数据库操作实用工具，小巧、简单、实用：对于数据表的读操作，它可以把结果转换成 List、Array、Set 等 Java 集合，便于程序员操作；对于数据表的写操作，也变得很简单（只需写 SQL 语句）；可以使用数据源、使用 JNDI、数据库连接池等技术来优化性能——重用已经构建好的数据库连接对象，而不像 PHP、ASP 那样，费时费力、不断重复地构建和析构这样的对象。

5.6.1　Dbutils 核心 API

Dbutils 提供了三个核心的 API，具体如图 5.31 所示。

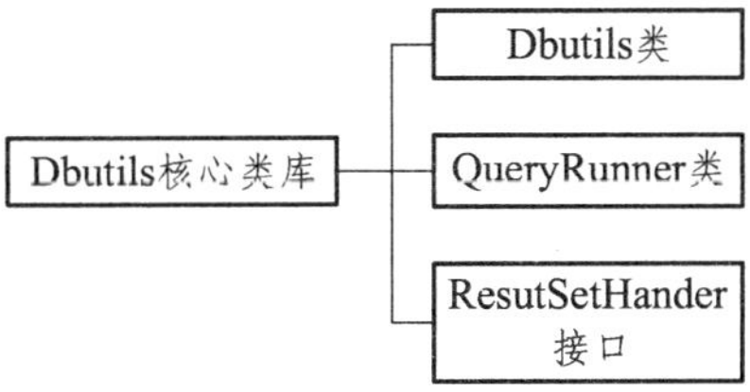

图 5.31　Dbutils 核心 API

QueryRunner 中提供对 SQL 语句操作的 API，见表 5.7。

表 5.7　QueryRunner 的 API

方法名	描　述
QueryRunner(DataSource ds)	提供数据源（连接池），Dbutils 底层自动维护了连接 Connection
update(String sql, Object…params)	执行更新数据
query(String sql, ResultSetHandler rsh, Object…params)	执行查询

ResultSetHandler 接口，用于定义 select 操作后怎样封装结果集。

ArrayHandler：将结果集中的第一条记录封装到 Object[]数组中，数组中的每一个元素，即这条记录中的每一个字段的值。

ArrayListHandler：将结果集中的每一条记录封装到 Object[]数组中，将这些数组再封装到 List 集合中。

BeanHandler：将结果集中的第一条记录封装到一个指定的 javabean 中。

BeanListHandler：将结果集中每一条记录封装到 javabean 中，将这些 javabean 再封装到 List 集合中。

ColumnListHandler：将结果集中指定列的字段值封装到一个 List 集合中。

KeyedHandler：将结果集中的每一条记录封装到 Map<String,Object>，再将这个 Map 集合作为另一个 Map 的 value，另一个 Map 集合的 key 是指定的字段的值。

MapHandler：将结果集中的第一条记录封装到 Map<String,Object>集合中，key 就是字段名称，value 就是字段的值。

MapListHandler：将结果集中的每一条记录封装到 Map<String,Object>集合中，key 就是字段名称，value 就是字段的值，再将这些 Map 封装到 List 集合中。

ScalarHandler：用于单数据，如 select count(1) from 表操作。

Dbutils 类，就是一个工具类，定义了关闭资源和事务处理的方法，具体方法见表 5.8。

表 5.8　Dbutils 类处理事件的方法

方法名	描　述
closeQuietly(Connetion conn)	关闭连接，有异常就会抛出
commitAndCloseQuietly(Connetion conn)	提交并关闭连接
rollbackAndCloseQuietly(Connetion conn)	回滚并关闭连接

5.6.2　Dbutils 工具类的使用

1. 准备工作

Dbutils 工具类主要是对数据库的操作，需要创建数据库、准备数据库连接池，具体操作步骤如下：

下载 Dbutils 工具包（https://mvnrepository.com/为下载包的网页地址）。新建数据库，利用 Navicat 创建 MySQL 数据库和表，具体如图 5.32 所示。

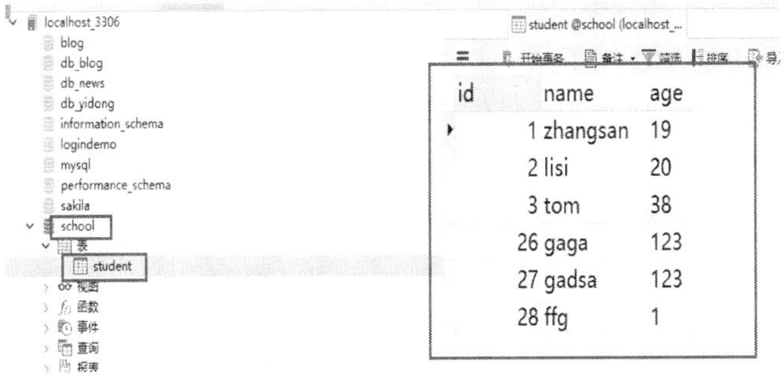

图 5.32　创建数据库表

新建 Java 工程,工程名为 dbutilsdemo,复制粘贴 C3P0 数据库连接池 jar 包,到 Webcontent 目录下 WEB-INF 文件夹下的 lib 文件夹中。具体创建方法如图 5.33 所示。

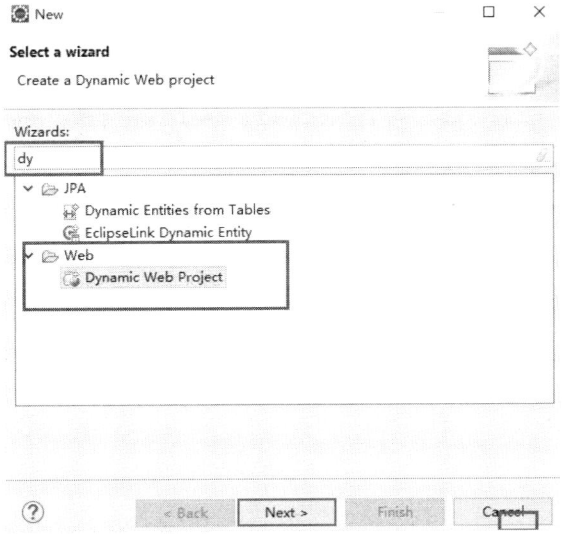

图 5.33　创建工程

在 src 目录下新建一个包，名为 com.tangfubin.util，在包中新建一个名为“C3p0 Util”的工具类，创建过程如图 5.34 所示，具体代码如图 5.35 所示。

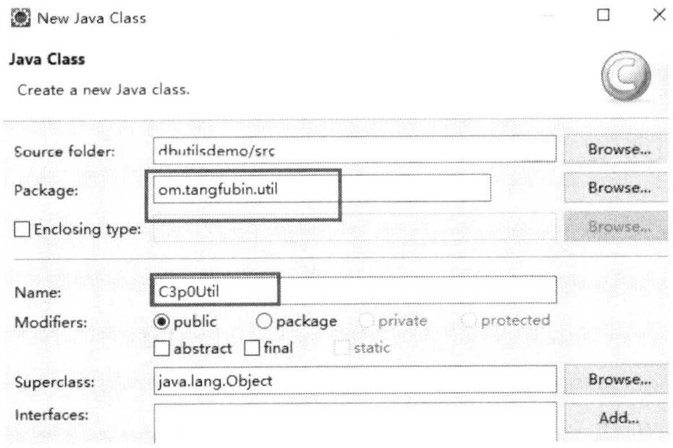

图 5.34　创建 C3p0 Util 工具类

```java
public class C3p0Util {
    //通过读取xml配置文件，使用name-config配置文件获取连接池
    public static ComboPooledDataSource datasource=new ComboPooledDataSource("tom");
    //通过连接池获取数据源的连接对象 单例模式，．．．．减少资源开销
    public static DataSource getDateSoure() {
        return datasource;
    }

    /*public static void main(String[] args) {
        System.out.println(C3p0Util.getDateSoure().hashCode());
        System.out.println(C3p0Util.getDateSoure().hashCode());
        System.out.println(C3p0Util.getDateSoure().hashCode());
        System.out.println(C3p0Util.getDateSoure().hashCode());
    }*/

}
```

图 5.35　C3p0Util 工具类代码

在 src 的根目录下新建一个 C3P0 的 xml 配置文件，配置文件代码如图 5.36 所示。

```xml
<c3p0-config>
  <defaulft-config>
    <property name="driverClass">com.mysql.jdbc.Driver</property>
    <property name="jdbcUrl">jdbc:mysql://localhost:3306/school</property>
    <property name="user">root</property>
    <property name="password">123456</property>
   </defaulft-config>


  <named-config name="tom">
    <property name="driverClass">com.mysql.jdbc.Driver</property>
    <property name="jdbcUrl">jdbc:mysql://localhost:3306/school</property>
    <property name="user">root</property>
    <property name="password">123456</property>
   </named-config>
</c3p0-config>
```

图 5.36　C3P0 配置文件

2. DML 操作

通过 Dbutils 工具要实现对数据库的操作，需要创建 QueryRunner 对象，QueryRunner 类是 SQL 语句的执行者。它有两种构造方法，使用不同的构造方法会对其成员的调用产生影响。QueryRunner 类的构造方法如下：

```
new QueryRunner(DataSource ds)
new QueryRunner()
```

第一种是有参构造，需要传入数据源对象作为参数。它的事务是自动控制的，一个 SQL 命令即一个事务。使用此构造方法构建对象，当调用其方法（如 query、update）时，无须考虑 Connection 对象。

第二种是无参构造，可以进行事务的手动管理。使用此构造方法构建对象，当调用其方法（如 query、update）时，需要在能数中传入 Connection 对象。一般不用此种方法。

在 src 目录下创建一个 dao 包，在包中创建一个 StudentDao 类，在类中封装数据的增、删、改、查操作。

数据添加的操作：创建一个插入数据的方法 insertStudent()，完成数据的添加功能，具体代码如图 5.37 所示。

```
public void insertStudent() throws SQLException {
    QueryRunner queryrunner=new QueryRunner();
    String sql="insert into student(name,age) values('libinbin',40)";
        int result=queryrunner.update(C3p0Util.getDateSoure().getConnection(),sql)
        if (result>0) {
            System.out.println("数据添加成功！");
        }else {
            System.out.println("数据添加失败！");
        }
}
```

图 5.37　添加数据方法代码

数据修改的操作：创建一个修改数据的方法 updateStudent()，完成数据的修改功能，具体代码如图 5.38 所示。

```
@Test
public void updateStudent() throws SQLException {
    QueryRunner queryrunner=new QueryRunner();
    String sql="update student set name='tang' where  id=29";
        int result=queryrunner.update(C3p0Util.getDateSoure().getConnection(),sql);
        if (result>0) {
            System.out.println("数据修改成功！");
        }else {
            System.out.println("数据修改失败！");
        }
}
```

图 5.38　修改数据方法代码

数据删除的操作：创建一个删除数据的方法 deleteStudent()，完成数据的删除功能，具体代码如图 5.39 所示。

```
@test
public class Testdelete {
        QueryRunner runner=new QueryRunner(C3p0Util.getdataSource());
        String sql="delete from student where id=1";
        int result=runner.update(sql);
        if (result>0) {
        System.out.println("删除数据成功");
        }else {
            System.out.println("删除数据失败");
        }
}
```

图 5.39　删除数据方法代码

3. DQL 操作

要实现 DQL 操作，则需要使用 QueryRunner 类的相关方法，其主要方法见表 5.9。

表 5.9　QueryRunner 类的相关方法

方法名	描述
Object query(Connection conn, String sql, ResultSetHandler rsh, Object[] params)	执行查询操作，需传入 Connection 对象
Object query(String sql, ResultSetHandler rsh, Object[] params)	执行查询操作

续表

方法名	描述
Object query(Connection conn, String sql, ResultSetHandler rsh)	用来执行一个不需要置换参数的更新操作
int update(Connection conn, String sql, Object[] params)	用来执行一个更新（插入、更新或删除）操作
int update(Connection conn, String sql)	用来执行一个不需要置换参数的更新操作
int[] batch(Connection conn, String sql, Object[][] params)	批量添加、更改、删除
int[] batch(String sql, Object[][] params)	批量添加、更改、删除

（1）用数组封装结果集的方法：

① 使用 ArrayHandler 封装结果集：只能封装单条查询结果，即查询一条数据，具体方法及代码如图 5.40 所示。

```
@Test
public void queryStudent() throws SQLException {
    QueryRunner queryrunner=new QueryRunner(C3p0Util.getDateSoure());
    String sql="select * from student where id=?";
    //第一个参数 sql语句，第二个参数结果集对象，第三个参数是sql语句的参数
        Object[] array=queryrunner.query(sql, new ArrayHandler(), new Object[] {30});
    //遍历
        for (int i = 0; i < array.length; i++) {
            System.out.print(array[i ]+",");

        }

}
```

图 5.40　使用 ArrayHandler 封装结果集

② 使用 ArrayListHander 封装结果集：可以封装多条查询结果，即查询多条数据，具体方法及代码如图 5.41 所示。

```
/**
 *  多条数据
 * @throws SQLException
 */
@Test
public void queryAllStudent() throws SQLException {
    QueryRunner queryrunner=new QueryRunner(C3p0Util.getDateSoure());
    String sql="select * from student ";
    //第一个参数 sql语句，第二个参数结果集对象，第三个参数是sql语句的参数
        List<Object []> studentlist=queryrunner.query(sql, new ArrayListHandler());
    //二次遍历
        for(Object[] arr:studentlist) {
            for (int i = 0; i < arr.length; i++) {
                System.out.print(arr[i]+",");
            }
            System.out.println();
        }

}
```

图 5.41　使用 ArrayListHander 封装结果集

（2）用对象封装结果集的方法：使用对象封闭结果集，需要用到 JavaBean 对象，即要创建 JavaBean 类。

① 使用 BeanHandler 封装查询结果集：只能封装一条查询结果，即查询单条数据，具体方法及代码如图 5.42 所示。

```
/**
 *  查询单条数据 结果集封装到bean中 android 解析json数据，存入到bean对象
 *  原理：处理，全都都是对结果集的处理，结果集的第一条数据的每个字段存放到bean对象的属性中。
 * @throws SQLException
 */

public void querySingleStudent() throws SQLException {
    QueryRunner queryrunner=new QueryRunner(C3p0Util.getDateSoure());
    String sql="select * from student where id=?";
    //第一个参数 sql语句，第二个参数结果集对象，第三个参数是sql语句的参数
        Student student=(Student) queryrunner.query(sql, new BeanHandler(Student.class),
    System.out.println(student.getId()+":"+student.getName()+":"+student.getAge());

}
```

图 5.42　使用 BeanHandler 封装结果集

② 使用 BeanListHander 封装结果集：可以封装多条查询结果，即查询多条数据，具体方法及代码如图 5.43 所示。

```
/**
 *  查询多条数据 结果集封装到bean集合中
 * @throws SQLException
 */
@Test
public void queryMulStudent() throws SQLException {
    QueryRunner queryrunner=new QueryRunner(C3p0Util.getDateSoure());
    String sql="select * from student";
    //第一个参数 sql语句，第二个参数结果集对象，第三个参数是sql语句的参数
        ArrayList<Student> stulist=(ArrayList<Student>) queryrunner.query(sql,
        new BeanListHandler(Student.class));
      for (int i = 0; i < stulist.size(); i++) {
          System.out.println(stulist.get(i).getName()+":"+stulist.get(i).getAge());
    }

}
```

图 5.43　使用 BeanListHander 封装结果集

（3）用 Map 集合封装结果集的方法：

① 使用 MapHandler 封装结果集，只能封装一条查询结果，即查询单条数据，具体方法及代码如图 5.44 所示。

```
/**
 * 查询单条数据，结果封装到maphandler 中，第一条数据的字段名和值存放到map映射中
 * @throws Exception
 */

public void queryMapstudent()throws Exception{
    QueryRunner queryrunner=new QueryRunner(C3p0Util.getDateSoure());
    String sql="select * from student where id=?";
    //第一个参数是sql  第二个参数结果集对象  第三个参数是sql参数
    Map<String,Object> map=queryrunner.query(sql, new MapHandler(),new Object[] {31});
    System.out.println(map);
}
```

图 5.44　使用 MapHandler 封装结果集

② 使用 MapListHandler 封装结果集：可以封装多条查询结果，即查询多条数据，具体方法及代码如图 5.45 所示。

```
 * @throws Exception
 */
@Test
public void queryMapListstudent()throws Exception{
    QueryRunner queryrunner=new QueryRunner(C3p0Util.getDateSoure());
    String sql="select * from student ";
    //第一个参数是sql  第二个参数结果集对象  第三个参数是sql参数
    List<Map<String,Object>> maplist=queryrunner.query(sql, new MapListHandler());
    for(Map<String,Object> map:maplist) {
        System.out.println(map);
    }
}
```

图 5.45　使用 MapListHandler 封装结果集

③ 使用 KeyedHandler 封装结果集：每一条数据字段名、字段值分别存储为一个 Map 映射，再把所有的 Map 映射根据 key 放入新的大的 Map 映射中。可以封装多条查询结果，即查询多条数据，具体方法及代码如图 5.46 所示。

```
@Test
public void queryMapkeyedstudent()throws Exception{
    QueryRunner queryrunner=new QueryRunner(C3p0Util.getDateSoure());
    String sql="select * from student ";
    // 第一个参数sql 语句，第二个参数结果集对象，特别注意，需要传入封装大map的键值
    Map<Object,Map<String,Object>> map=queryrunner.query(sql, new KeyedHandler<Object>("id"));
    Map<String,Object> mm=map.get(new Integer(30));
    String name=(String) mm.get("name");
    String age=(String)mm.get("age");
    System.out.println(name+":"+age);
}
```

图 5.46　使用 KeyedHandler 封装结果集

（4）对指定列查询到的结果集封装到集合中，可以使用 ColumnListHandler 封装查询结果集的指定列，当需要查询结果集中的一列数据时，可以使用 ColumnListHandler 类，具体方法及代码如图 5.47 所示。

```
@Test
public void queryColument()throws Exception{
    QueryRunner queryrunner=new QueryRunner(C3p0Util.getDateSoure());
    String sql="select * from student ";

    List<Object> list=queryrunner.query(sql, new ColumnListHandler<>("id"));
    System.out.println(list);
}
```

图 5.47　使用 ColumnListHandler 类

（5）使用 ScalarHandler 封装结果集中的指定字段值，在使用 Dbutils 工具操作数据库时，有时需要输出结果集中一行数据的指定字段值，可以使用 ScalarHandler 类，具体方法及代码如图 5.48 所示。

```
@Test
public void queryScalar()throws Exception{
        QueryRunner queryrunner=new QueryRunner(C3p0Util.getDateSoure());
        String sql="select * from student where id=?";
        String name=queryrunner.query(sql, new ScalarHandler<>("name"),new Object[] {31});
        System.out.println(name);
}
```

图 5.48　使用 ScalarHandler 类

本章小结

本章详细讲解了 JDBC 技术的相关知识。首先，讲解了 JDBC 技术概述；然后，分别讲解了数据库连接池、DBCP 数据库连接池、C3P0 数据库连接池、Druid 数据库连接池和 Dbutils 工具包；最后，通过案例演示了各数据库连接池的使用及 Dbutils 工具包的使用。

思考与提高

1. 说一说 JDBC 操作数据库的流程。
2. JDBC 如何实现 Java 程序和 JDBC 驱动的松耦合？

第6章　EL表达式

在 JSP 开发中，为了获取 Servlet 域对象中存储的数据，经常需要嵌入 Java 代码，就需要添加很多的 JSP 脚本片段，会使 JSP 页面混乱。JSP 2.0 引入了一个新的内容——EL 表达式语言。通过 EL 表达式，规范页面代码，增强程序的可读性和可维护性。本章将对 EL 表达式的语法、基本应用、运算符及隐含对象进行详细讲解。

6.1　EL 表达式概述

EL（Expression Language）是一种简单的数据访问语言，即一种计算和输出 Java 对象的表达式语言，主要用于代替 JSP 页面中的表达式脚本在 JSP 页面进行数据输出，比 JSP 脚本更简洁。语法格式：${表达式}，使用示范如下：

```
<%@ page contentType="text/html;charset=UTF-8" language="java"   %>
<html>
  <head>
    <title>$Title$</title>
  </head>
    <body>
    <%
        request.setAttribute("key","value");
    %>
    <%=request.getAttribute("key")%>
    ${key}
  </body>
</html>
```

EL 表达式在输出 null 值时，输出的是空串；而表达式脚本输出的是 null，由于需要在页面上显示，所以不如 EL 表达式好。

6.1.1　3 种禁用 EL 表达式的方法

使用斜杠“\”符号禁用：在 EL 表达式的起始标记前加上“\”符号，即在“${”之前加“\”。此方法适合只是禁用页面的一个或几个 EL 表达式的情况。具体的语法如下：

```
\${expression}
```

使用 page 命令禁用：使用 JSP 的 page 指令也可以禁用 EL 表达式，值为 true，则禁用页面中的 EL 表达式，否则将解析页面中的 EL 表达式。此方法适用于禁用一个页面中的 EL 表达式。其语法格式如下：

```
<%@page isELignored= “true|false” %>
```

在 web.xml 文件中配置<el-ignored>元素禁用：此方法适用于禁用 Web 应用中所有的 JSP 页面。在 web.xml 文件中配置<el-ignored>元素可以实现禁用服务器中的 EL 表达式。具体代码如下：

```
<jsp-config>
        <jsp-property-group>
            <url-pattern>*.jsp</ url-pattern>
            <el-ignored>true</el-ignored>
        </jsp-property-group>
</jsp-config>
```

6.1.2 EL 表达式的特点

（1）在 EL 表达式中可以获得命名空间（PageContext 对象，它是页面中所有其他内置对象的最大范围的集成对象，通过它可以访问其他内置对象）。

（2）EL 表达式不仅可以访问一般变量，而且可以访问 JavaBean 中的属性以及嵌套属性和集合对象。

（3）在 EL 表达式中可以执行关系运算、逻辑运算和算术运算等。

（4）扩展函数可以与 Java 类的静态方法进行映射。

（5）在表达式中可以访问 JSP 的作用域（request、session、application 及 page）。

（6）EL 表达式可以与 JSTL 结合使用，也可以与 JavaScript 语句结合使用。

6.2 EL 的语法

每一种语言都有自己的语法规范，EL 表达式语言也同样有相关的语法。本节主要针对 EL 中的标识符、保留字、变量、常量和运算符等进行详细讲解。

6.2.1 EL 标识符规则

在 EL 表达式中，经常需要使用一些符号来标记一些名称，如变量名、自定义函数名等，这些符号称为标识符，EL 表达式的命名规则如下：

（1）不能以数字开头。

（2）不能是保留字，如 and、or、not、it 等。

（3）不能是隐式对象，如 pageContext。

（4）不能是特殊字符，如'、"、/等。

6.2.2 EL 中的保留字

保留字是编程语言事先定义好并赋予了特殊含义的单词，这些保留字不能被用作标识符，具体的保留字见表 6.1。

表 6.1 EL 中的保留字

and	or	not	eq	ne	lt	gt	le
ge	true	false	null	instanceof	empty	div	mod

6.2.3 EL 中的变量

与 JSP 脚本元素的变量不同，EL 表达式的变量在没有预先定义的情况下即可直接使用，常用于获取 JSP 内置对象所存储的内容。例如，现在有一个包含 username 变量的 EL 表达式，具体如下：

```
${username}
```

以上 EL 表达式的功能是获取某一对象中名称为 username 的属性。在执行过程中，EL 引擎将按照 page、request、session、application 的范围依次查找，如果找到结果就直接回传，如果在全部的范围内都没有找到就回传 Null。

6.2.4 EL 中的常量

EL 表达式中的常量包括布尔常量、整型常量、浮点数常量、字符串常量和 Null 常量。

布尔常量：布尔常量用于区分事物的正反两面，用 true 或 false 表示。

整型常量：整型常量与 Java 语言中定义的整型常量相同，范围为 Long.MIN_VALUE 到 Long.MAX_VALUE 之间。

浮点数常量：浮点数常量与 Java 语言中定义的浮点数常量相同，范围在 Double.MIN_VALUE 到 Double.MAX_VALUE 之间。

字符串常量：字符串常量是用单引号或双引号引起来的一连串字符。

Null 常量：Null 常量用于表示引用的对象为空，它只有一个值，用 null 表示，但在 EL 表达式中并不会输出 Null 而是输出空。

6.2.5 EL 中的操作符

EL 提供了两种用于访问数据的操作符，它们分别是“.”和“[]”。

“.”操作符：与 Java 代码相同，EL 表达式使用“.”操作符来访问某个对象的属性。例如，现在有一个包含“.”操作符的 EL 表达式。

```
${user.username}
```

以上 EL 表达式中，user 为一个 JavaBean 对象，username 为 user 对象的一个属性，使用该 EL 表达式可以获取到 user 对象的 username 属性。以下为“.”操作符的案例，具体代码如图 6.1 所示。

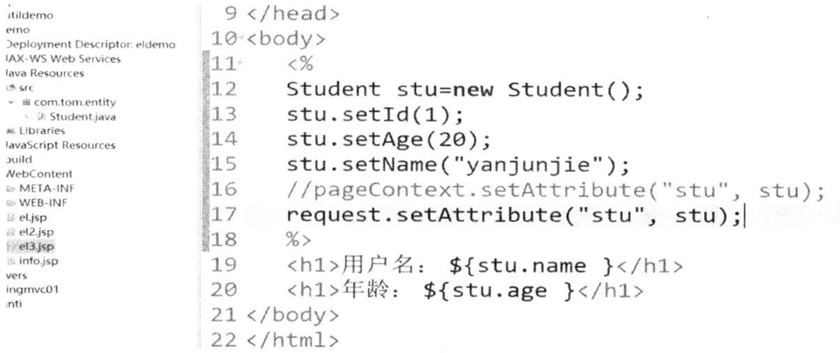

图 6.1 “.”操作符案例核心代码

“[]”操作符：“[]”操作符和“.”操作符功能类似，也用于访问对象的属性，不同的是，

“[]”操作符的属性需要用双引号括起来。例如，下面有一个包含“[]”操作符的 EL 表达式。

```
${user[ “username” ]}
```

使用以上 EL 表达式同样可以获取到 user 对象的 username 属性。

“[]”操作符比“.”操作符有着更为广泛的应用场景，主要表现在以下几个方面。当属性名中包含“.”或“-”等特殊字符，就必须要用“[]”操作符。例如，要获取 user 对象的 user-name 属性，因为 user-name 属性名中包含特殊字符，那么 EL 表达式只能采用“[]”操作符，具体如下：

```
${user[ “user-name” ]}
```

使用“[]”操作符可以获取数组或有序集合的指定索引位置的元素。例如，要获取 arr 数组的索引位置为 0 的元素，对应的 EL 表达式具体如下：

```
${arr[0]}
```

使用“[]”操作符可以获取 Map 对象的指定键名的值。例如，要获取 Map 对象的键名为 key 的值，对应的 EL 表达式具体如下：

“.”操作符可以和“[]”操作符结合使用。例如，要获取 arr 数组的索引位置为 0 的元素的 username 属性，对应的 EL 表达式具体如下：

```
${arr[0].username}
```

以下为“[]”操作符的案例，具体代码如图 6.2 所示。

```
<%
 List<String> strlist=new LinkedList<String>();
strlist.add(0, "字符串一");
strlist.add(1, "字符串二");
strlist.add(2, "字符串三");
session.setAttribute("strlist", strlist);
%>
<h1>${strlist[0] }</h1>
<h1>${strlist[1] }</h1>
<h1>${strlist[2] }</h1>
</body>
</html>
```

图 6.2 “[]”操作符案例核心代码

6.2.6 EL 中的运算符

EL 表达式中定义了用于处理数据的运算符，包括算术运算符、关系运算符、逻辑运算符、条件运算符、empty 运算符等，接下来，本书将对 EL 表达式中的运算符展开详细讲解。

1. 算术运算符

EL 的算术运算符用于执行 EL 表达式的数学运算，具体见表 6.2。

表 6.2 算术运算符

算术运算符	说 明	示 例	结 果
+	加	${3+2}	5
-	减	${3-2}	1
*	乘	${3*2}	6
/或 div	除	${3/2}或${3 div 2}	1.5
%或 mod	取模（取余）	${3%2}或${3 mod 2}	1

其中，“-”运算符既可以作为减号，也可以作为负号。“/”或“div”运算符在执行运算时，操作数将被强制转为 Double 类型然后进行除法运算，相除得到的商也为 Double 类型。

2. 比较运算符

EL 的比较运算符用于对两个操作数的大小进行比较，具体见表 6.3。

表 6.3　比较运算符

比较运算符	说　明	示　例	结　果
==或 eq	等于	${3==2}或${23 eq 5}	False
!=或 ne	不等于	${3！ =2}或${3 ne 2}	True
<或 lt	小于	${3<2}或${3 lt 2}	False
>或 gt	大于	${3>2}或${3 gt 2}	True
<=或 le	小于等于	${3<=2}或${3 le 2}	False
>=或 ge	大于等于	${3>=2}或${3 ge 2}	True

其中，比较运算符的操作数可以是常量、变量或 EL 表达式，所有比较运算符的执行结果都是布尔类型。

3. 逻辑运算符

逻辑运算符用于对结果为布尔类型的表达式进行运算，具体见表 6.4。

表 6.4　逻辑运算符

逻辑运算符	说　明	示　例	结　果
&&或 and	逻辑与	${True&&False}或${True and False}	False
||或 or	逻辑或	${True\|\|False}或${True or False}	True
！ 或 not	逻辑非	${!True}或${not True}	False

其中，在使用“&&”逻辑运算符时，如果有一个表达式的结果为 False，则结果必为 False，在使用“||”逻辑运算符时，如果有一个表达式的结果为 True，则结果必为 True。

4. 条件运算符

条件运算符类似于 Java 语言中的三元运算符（又称三目运算符），具体语法格式如下：

```
${A?B:C}
```

其中，表达式 A 的计算结果为布尔类型，如果 A 的计算结果为 True，就执行表达式 B 并返回 B 的值，如果 A 的计算结果为 False，就执行表达式 C 并返回 C 的值。

5. empty 运算符

empty 运算符用于判断一个值是否为 null 或空字符串，计算结果为布尔类型，empty 运算符有一个操作数，具体语法格式如下：

```
${empty var}
```

其中，如果出现以下几种情况的任意一个，empty 运算符的执行结果为 True。var 指向的对象为 null；var 指向的对象为空字符串；var 指向的是一个集合或数组，并且该集合或数组中没有任何元素；var 指向的是一个 Map 对象的键名，并且该 Map 对象为空或该 Map 对象没有指定的 key 或该 Map 对象的 key 对应的值为空。

6. 运算符的优先级

EL 表达式中的运算符有不同的运算优先级，具体见表 6.5。

表 6.5 运算符的优先级

优先级	运算符	优先级	运算符
1	[]、.	6	<、>、<=、>=、lt、gt、le、ge
2	()	7	==、! =、eq、ne
3	-（取负数）、not、!、empty	8	&&、and
4	*、/、div、%、mod	9	||、or
5	+、-	10	?:

表 6.5 列举了不同运算符的优先级，当 EL 表达式中包含多种运算符时，必须要按照各自优先级的大小进行运算。在实际应用中，一般不需要记忆此表格中所列举的优先级，而是使用“( )”运算符实现想要的顺序。

7. 运算符测试

为了测试以上运算符能实现的功能，进行了相关运算符的实验，具体代码如下：

```
<%
request.setAttribute("num1",10);
request.setAttribute("num2",3);
request.setAttribute("flag1",true);
request.setAttribute("flag2",false);
%>
<h1>算数运算符</h1>
<h2>num1=${num1 },num2=${num2 }</h2>
<h2>num1+num2=${num1+num2 }</h2>
<h2>num1-num2=${num1-num2 }</h2>
<h2>num1*num2=${num1*num2 }</h2>
<h2>num1/num2=${num1/num2 }</h2>
<h2>num1%num2=${num1%num2 }</h2>
<h2>num1*(num1-num2)=${num1*(num1-num2) }</h2>
<h1>关系运算符</h1>
<h2>flag1=${flag1 },flag2=${flag2 }</h2>
<h2>与操作 flag1 && flage2：${flag1 && flage2 }</h2>
<h2>或操作 flag1 || flage2：${flag1 || flage2 }</h2>
<h2>非操作!flag1：${!flag1}</h2>
<h1>三目运算符</h1>
<h2>三目操作：num1>num2：${num1>num2?"yes":"no" }</h2>
```

```
<h1>empty 关键字</h1>
<h2>判断空操作：${empty num1 }</h2>
</body>
</html>
```

6.3 EL 隐含对象

6.3.1 EL 表达式的存取范围

当 EL 表达式中的变量没有指定范围时，系统默认从 page 范围中查找，然后依次在 request、session 及 application 范围内查找。如果在此过程中找到指定的变量，则直接返回，否则返回 null。EL 表达式中用于指定变量使用范围的前缀见表 6.6。

表 6.6 EL 表达式中使用的变量范围前缀

范　围	前　缀	举例说明
page	pageScope	例如，${pageScope.username} 表示在 page 范围内查找变量 username，若找不到则直接返回 null
request	requestScope	例如，${ requestScope.username} 表示在 request 范围内查找变量 username，若找不到则直接返回 null
session	sessionScope	例如，${ sessionScope.username} 表示在 session 范围内查找变量 username，若找不到则直接返回 null
application	applicationScope	例如，${ applicationScope.username} 表示在 application 范围内查找变量 username，若找不到则直接返回 null

接下来通过一个案例来测试 EL 表达式寻找值的顺序，核心代码如图 6.3 所示。

图 6.3 EL 表达式的寻值顺序核心代码

6.3.2 EL 中的隐含对象

为了更加方便地访问数据，EL 表达式提供了一系列可以直接使用的隐含对象。这些隐含对象不需要预计实例化，直接调用即可，EL 表达式提供了 11 种隐含对象，具体见表 6.7。

表 6.7　EL 的隐含对象

隐含对象名称	说　明
pageContext	相当于 JSP 页面中的 pageContext 对象，用于获取 request、response 等其他 JSP 内置对象
pageScope	获取页面作用范围的属性值，相当于 pageContext.getAttribute()
requestScope	获取请求作用范围的属性值，相当于 request.getAttribute()
sessionScope	获取会话作用范围的属性值，相当于 session.getAttribute()
applicationScope	获取应用程序作用范围的属性值，相当于 application. getAttribute()
param	获取请求参数的单个值，相当于 request.getParameter()
paramValues	获取请求参数的一组值，相当于 request. getParameterValues()
header	获取 HTTP 请求头的单个值，相当于 request.getHeader(String name)
headerValues	获取 HTTP 请求头的一组值，相当于 request.getHeaders(String name)
cookie	获取指定的 Cookie
initParam	获取 Web 应用的初始化参数，相当于 application.getInitParameter(String name)

其中，pageScope、requestScope、sessionScope、applicationScope 四种隐含对象与 Web 域相关，用于获取 Web 域中的参数；param、paramValues 两种隐含对象与请求参数相关，用于获取客户端传递的请求参数。

1. 与 Web 域相关的隐含对象

JSP 内置的 pageContext 对象、request 对象、session 对象和 application 对象具有容器功能，可以通过 setAttribute()方法存储属性，通过 getAttribute()方法获取属性。实际上，这些对象的容器功能是通过它们内部定义的 Map 集合实现的，存取数据最终要通过操作 Map 集合来实现，这些 Map 集合被称为域，这几种对象被称为域对象。为了获取域对象中的值，EL 表达式提供了 pageScope、requestScope、sessionScope、applicationScope 四种隐含对象，具体如下：

```
${pageScope.username}
${requestScope.username}
${sessionScope.username}
${applicationScope.username}
```

2. 与请求参数相关的隐含对象

EL 表达式提供了两种隐含对象用于获取客户端传递的请求参数，分别是 param 隐含对象和 paramValues 隐含对象。其中，param 对象用于获取请求参数的单个值，paramValues 对象用于获取所有请求参数值组成的数组。param 和 paramValues 的格式如下：

```
${param.username}
${paramValues.username[0]}
```

3. 其他隐含对象

pageContext 隐含对象：使用 pageContext 隐含对象可以获取 JSP 页面的内置对象，具体语法格式如下：

```
${pageContext.response}
```

header 和 headerValues 隐含对象：EL 表达式提供了两种隐含对象用于获取请求头的内容，分别是 header 隐含对象和 headerValues 隐含对象。其中，header 对象用于获取请求头字段的单个值，headerValues 对象用于获取所有请求头的值组成的数组。header、headerValues 的语法格式如下：

```
${header["host"]}
${headerValues["Accept-Language"][0]}
```

Cookie 隐含对象：EL 表达式提供了 Cookie 隐含对象，该对象将所有 Cookie 信息封装进一个 Map 集合中，该 Map 集合的 key 值为 Cookie 信息的 name 属性。Cookie 对象的语法格式如下：

```
获取 Cookie 对象信息：${cookie.key}
获取 Cookie 对象的名称：${cookie.key.name}
获取 Cookie 对象的值：${cookie.key.value}
```

initParam 隐含对象：EL 表达式提供 initParam 隐含对象以获取 Web 应用的初始化参数。initParam 对象的语法格式如下：

```
${initParam.name}
```

隐含对象示范，创建一个 form 表单，表单中通过多选框选择兴趣，具体关键代码如图 6.4 所示。

```
    <input type="text" name="username"/><br/>
  兴趣：
<input type="checkbox" name="hobby" value="java语言"/>java语言
<input type="checkbox" name="hobby" value="C#语言"/>C#语言
<input type="checkbox" name="hobby" value="php语言"/>php语言
<input  type="submit" value="提交">

  </form>
</body>
```

图 6.4　form 表单的核心代码

创建一个结果显示页面，获取与请求参数相关的隐含对象，具体核心代码如图 6.5 所示。

```
<body>

   <h1>用户：${param.username}</h1>
   <h1>兴趣1：${paramValues.hobby[0]}${paramValues.hobby[1]}</h1>
   <h1>兴趣3：${paramValues.hobby[2]}</h1>
  <hr>

</body>
```

图 6.5　获取请求参数的关键代码

本章小结

本章详细讲解了 EL 表达式的相关知识。首先，讲解了 EL 表达式的概述；然后，分别讲解了 EL 表达式的语法和隐含对象；最后，通过案例演示 EL 表达式的运算符、操作符、EL 表达式的存取范围以及 EL 中的隐含对象。

思考与提高

1. 自定义标签的作用及意义是什么？定义自定义标签的步骤是什么？
2. EL 表达式的优势是什么？有哪两种访问格式？其区别是什么？

第 7 章　JSTL 标签

人靠“衣裳”装饰，同样 JSP 需要 JSTL 的修饰，让页面更加简洁易读。JSTL（Java Server Pages Standarded Tag Library，即 JSP 标准标签库）是由 JCP（Java Community Proces）所制定的标准规范，主要提供给 Java Web 开发人员一个标准通用的标签库，并由 Apache 的 Jakarta 小组来维护。开发人员可以利用这些标签取代 JSP 页面上的 Java 代码，从而提高程序的可读性，降低程序的维护难度。

7.1　JSTL 概述

JSTL 技术标准是由 JCP（lava Community Process）组织的 JSR052 专家组发布，Apache 组织将其列入 Jakarta 项目，Sun 公司将 JSTL 的程序包加入互联网服务开发工具包内（WSDP，Web Services Developer Pack），作为 JSP 技术应用的一个标准 jdk 的下载。

7.1.1　JSTL 的作用

JSTL 标识库的作用是减少 JSP 文件的 Java 代码，使 Java 代码与 HTML 代码分离，所以 JSTL 标识库符合 MVC 设计理念。MVC 设计理念的优势是将动作控制、数据处理、结果显示三者分离。

采用 JSTL 主要基于这方面的作用：首先，实现了 JSP 页面的代码复用，基于标签库原理，重复率较高的代码块支持复用，提高效率；其次，书写 JSP 页面时可读性更强，长得像 XML，方便前端查看和参与开发；然后，在应用程序服务器之间提供了一致的接口，最大限度地提高了 Web 应用在各应用服务器之间的移植；最后，JSTL 简化了 JSP 和 Web 应用程序的开发。

7.1.2　JSTL 和 JSP 代码效果对比

JSTL 比 JSP 页面更加简洁，程序可读性大大增加。

7.1.3　JSTL 标签库分类

根据 JSTL 提供的功能，可以将其分为 5 个类别：核心标签、格式化标签、SQL 标签、XML 标签和 JSTL 函数。

7.2　自定义标签

在一些标签不能满足代码所需的一些要求时，这时就需要自定义标签，自定义标签是用户定义的 JSP 语言元素。当 JSP 页面包含一个自定义标签时将被转化为 Servlet，标签转化为对被称为 tag handler 的对象的操作，即当 Servlet 执行时 Web container 调用那些操作。JSP 标签扩展可以创建新的标签并且可以直接插入一个 JSP 页面。JSP 2.0 规范中引入 Simple Tag Handlers 来编写这些自定义标记。

7.2.1 定义标签开发步骤

创建一个标签助手类（继承 BodyTagSupport），标签属性必须与助手类的属性对应且要提供对应的 get/set 方法。创建标签库描述文件（tld），添加自定义标签的配置，tld 文件必须保存到 WEB-INF 目录或其子目录。在 JSP 通过 taglib 指令导入标签库，并通过指定后缀，访问自定义标签，tld 文件详细说明见表 7.1。

表 7.1 tld 文件详细说明表

元素名	是否指定	描述
name	是	用于指定属性的名称。属性名称是大小写敏感的，并且不能以 jsp、_jsp、java 和 sun 开头
description	否	用于指定属性的描述信息
type	否	用于指定属性值的 Java 类型
required	否	用于指定在 JSP 页面中调用自定义标签时是否必须设置这个属性。其取值包括 true 和 false，默认值为 false，true 表示必须设置，否则可以设置也可以不设置这个属性
rtexprvalue	否	retxpravlue 是 runtime expression value（运行时表达式）的英文简写，用于指定属性值是一个静态值或动态值。其取值包括 true 和 false，默认值为 false，false 表示只能为该属性指定静态文本值，如"123"；true 表示可以为该属性指定一个 JSP 动态元素，动态元素的结果作为属性值，如 JSP 表达式<%=value%>，EL 表达式

自定义标签配置代码如下：

```
<description>zking 1.1 core library</description>
  <display-name>zking core</display-name>
  <tlib-version>1.1</tlib-version>
  <short-name>c</short-name>
  <uri>/tangfubin</uri>

  <tag>
  <!-- 标签库里面的标签名 -->
    <name>demo</name>
   <!-- 标签对应的助手类的全路径名 -->
    <tag-class>com.tangfubin.jsp.day01.DemoTag</tag-class>
  <!-- jsp -->
    <body-content>JSP</body-content>
    <attribute>
    <!-- 属名 可以有多个 -->
        <name>test</name>//属性名需要私有化，在后面会用到
        <!-- 属性值是否必填 -->
        <required>false</required>
```

```
            <!-- 是否使用表达式 -->
            <rtexprvalue>false</rtexprvalue>
        </attribute>
    </tag>

</taglib>
```

其中，标签属性 empty 表示：也就是没有标签体，如果在这里设置的是 empty，那么在 JSP 页面上就不能有标签体。标签属性 JSP：传统标签支持它，SimpleTag 已经不支持使用<body-content>JSP</body-content>，标签内容可以有任何东西，如 EL、JSTL、HTML 及<%%>等。标签属性 scriptless：标签体内容不能是 Java 脚本，可以是 EL、JSTL、字符串等，在 SimpleTag 中需要标签体可以使用这选项。标签属性 tagdependent：标签体内容不做运算，标签体不会被解析，由标签处理类自行处理，无论标签体内容是 EL、JSTL 等，都不会做运算。

7.2.2 自定义标签生命周期

每个标签都要有它相应的助手类来帮助它实现功能，而助手类介绍继承了 BodyTagSupport 这个类的来描述这个标签实现功能的一个类。在助手类的周期中，主要有 3 个方法来支撑它实行。doStartTag() 执行到开始标签时执行的动作；doAfterBody() 介于<c:test>内容</c:test>之间执行的动作；doEndTag()执行到结束标签时执行的动作。

自定义标签主要是依靠它的助手类来实现的，生命周期是自定义标签相对的一套方法流程。标签的生命周期主要分为 3 条线：

由 doStartTag 开始，返回 SKIP_BODY 直接进入 doEndTag 方法，返回 SKIP_PAGE 或 EVAL_PAGE 结束。

由 doStartTag 开始，返回 EVAL_BODY_INCLUDE 进入 doAfterBody 方法，然后返回 SKIP_BODY 直接进入 doEndTag 方法，返回 SKIP_PAGE 或 EVAL_PAGE 结束。

由 doStartTag 开始，返回 EVAL_BODY_INCLUDE 进入 doAfterBody 方法，然后返回 EVAL_BODY_AGAIN 再次进入 doAfterBody，直到条件满足，返回 SKIP_BODY 进入 doEndTag 方法，返回 SKIP_PAGE 或 EVAL_PAGE 结束。生命周期如图 7.1 所示。

标签生命周期属性值见表 7.2。

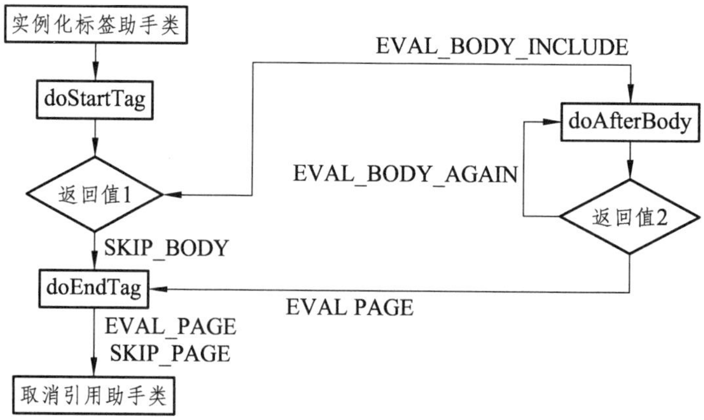

图 7.1 自定义标签生命周期

表 7.2　标签生命周期属性值

标　签	作　用
do StartTag	开始标签
SKIP_BODY	跳过标签体
EVAL_BODY_INLUDE	计算标签主体，并输出
EVAL_BODY_BUFFERED	计算标签主体，并缓存
do AfterBODY	标签主体之后
EVAL_BODY_AGAIN	将标签主体重新循环，重新计算主体内容一次
EVAL_PAGE	计算页面后续部分内容
SKIP_PAGA	跳过页面后续部分

7.2.3　自定义迭代标签实例

自定义迭代标签实例如图 7.2 所示。

```
@Override
public int doStartTag() throws JspException {
    Object values=this.pageContext.getAttribute(items);
    if (values!=null&& values instanceof List) {
        this.iter=((List)values).iterator();
        if (iter.hasNext()) {
            this.pageContext.setAttribute(var, iter.next());
            //执行标签体
            return TagSupport.EVAL_BODY_INCLUDE;
        }else {
            //退出标签执行
            return TagSupport.SKIP_BODY;
        }
    }else {
        //退出标签执行
        return TagSupport.SKIP_BODY;
    }

@Override
public int doAfterBody() throws JspException {
    if (iter.hasNext()) {
        this.pageContext.setAttribute(var, iter.next());
        //再次执行标签体
        return TagSupport.EVAL_BODY_AGAIN;
    }else {
        //退出标签执行
        return TagSupport.EVAL_PAGE;
    }
}
```

图 7.2　自定义迭代标签代码

7.2.4　自定义简单标签实例

doTag()完成所有标签的逻辑、输出、迭代、修改内容等，传统的常量就没有了。生命周期执行流程：

Jsp→setJspContext()→setparent→setter→setjspbody→DOTAG()。

利用 JspFragment 类的方法 Void invoke（write out）把内容写入输出流对象，如图 7.3 所示。

```java
    }
    //对标签体逻辑处理 只执行一次，
    @Override
    public void doTag() throws JspException, IOException {
        // 获取标签体
        JspFragment jf=this.getJspBody();
        //对标签体循环
        for (int i = 0; i <num; i++) {
            //标签体内容写入到输出流对象中，out jsp容器，jspcontext
            jf.invoke(null);
        }
    }
```

图 7.3 自定义简单标签代码

7.3 JSTL 核心标签库

JSP 标准标签库（JSTL）是一个 JSP 标签集合，它封装了 JSP 应用的通用核心功能。JSTL 支持通用的、结构化的任务，如迭代、条件判断、XML 文档操作、国际化标签、SQL 标签等。除了这些，它还提供了一个框架来使用集成 JSTL 的自定义标签。

7.3.1 JSTL 库的下载

Apache Tomcat 安装 JSTL 库步骤如下：

从 Apache 的标准标签库中下载二进包(jakarta-taglibs-standard-current.zip)。

官方下载地址：http://archive.apache.org/dist/jakarta/taglibs/standard/binaries/。

下载 jakarta-taglibs-standard-1.1.2.zip 包并解压，将 jakarta-taglibs-standard-1.1.2/lib/下的两个 jar 文件：standard.jar 和 jstl.jar 文件复制到/WEB-INF/lib/下。将 tld 下需要引入的 tld 文件复制到 WEB-INF 目录下。

7.3.2 JSTL 的引入

核心标签是最常用的 JSTL 标签。使用之前需要引入，引用核心标签库的语法如下：

```
<%@ taglib prefix="c" uri="http://java.sun.com/jsp/jstl/core" %>
```

常见的核心标签见表 7.3。

表 7.3 常见的 JSTL 核心标签

标 签	作 用
<c:out>	用于在 JSP 中显示数据，就像<%=…>
<c:set>	用于保存数据
<c:remove>	用于删除数据
<c:catch>	用来处理产生错误的异常状况，并且将错误信息储存起来
<c:if>	与在一般程序中用的 if 一样
<c:choose>	本身只当作<c:when>和<c:otherwise>的父标签

续表

标　签	作　用
<c:when>	<c:choose>的子标签，用来判断条件是否成立
<c:otherwise>	<c:choose>的子标签，接在<c:when>标签后，当<c:when>标签判断为 false 时被执行
<c:import>	检索一个绝对或相对 URL，然后将其内容暴露给页面
<c:forEach>	基础迭代标签，接受多种集合类型
<c:forTokens>	根据指定的分隔符来分隔内容并迭代输出
<c:param>	用来给包含或重定向的页面传递参数
<c:redirect>	重定向至一个新的 URL
<c:url>	使用可选的查询参数来创造一个 URL

c:out 内容输出标签：

```
<%
pageContext.setAttribute("people","张三");
%>
<h2><c:out value="${people}"></c:out></h2>
<h2><c:out value="${people2}" default="某人"></c:out></h2>
```

c:set 用于设置 4 种属性范围值的标签：

```
<c:set var="people" value="张三" scope="request"></c:set>
<h2><c:out value="${people}"></c:out></h2>
<jsp:useBean id="people2" class="com.tangfubin。model.People" scope="page">
</jsp:useBean>

<c:set property="id" target="${people2 }" value="007"></c:set>
<c:set property="name" target="${people2 }" value="王二小"></c:set>
<c:set property="age" target="${people2 }" value="16"></c:set>

<h2>编号：${people2.id }</h2>
<h2>姓名：${people2.name }</h2>
<h2>年龄：${people2.age }</h2>
```

c:remove 用于删除指定范围中的属性：

```
<c:set var="people" value="张三" scope="request"></c:set>
<h2><c:out value="${people}" default="没人啊"></c:out></h2>
<c:remove var="people" scope="request"/>
<h2><c:out value="${people}" default="没人啊"></c:out></h2>
```

c:catch 用于处理程序中产生的异常：

```
<c:catch var="errMsg">
    <%
        int a=1/0;
    %>
</c:catch>
<h2>异常信息：${errMsg }</h2>
```

c:if 用于条件判断：

```
<jsp:useBean id="people" class="com.java1234.model.People" scope="page"></jsp:useBean>
<c:set property="id" target="${people }" value="007"></c:set>
<c:set property="name" target="${people }" value="王二小"></c:set>
<c:set property="age" target="${people }" value="16"></c:set>
<c:if test="${people.name=='王二小' }" var="r" scope="page">
    <h2>是王二小</h2>
</c:if>
<c:if test="${people.age<18 }">
    <h2>是未成年</h2>
</c:if>
```

c:choose、c:when、c:otherwise 用于多条件判断：

```
<c:choose>
    <c:when test="${people.age<18 }">
        <h2>小于 18</h2>
    </c:when>
    <c:when test="${people.age==18 }">
        <h2>等于 18</h2>
    </c:when>
    <c:otherwise>
        <h2>大于 18</h2>
    </c:otherwise>
</c:choose>
```

c:forEach 用于遍历数组或者集合：

```
<%
    String dogs[]={"小黑","小黄","小白","小小"};
    pageContext.setAttribute("dogs",dogs);
%>
<c:forEach var="dog" items="${dogs }">
    ${dog }
</c:forEach>
<hr/>
```

```
<c:forEach var="dog" items="${dogs }" step="2">
    ${dog }
</c:forEach>
<hr/>
<c:forEach var="dog" items="${dogs }" begin="1" end="2">
    ${dog }
</c:forEach>
<hr/>
<%
    List<People> pList=new ArrayList<People>();
    pList.add(new People(1,"张三",10));
    pList.add(new People(2,"李四",20));
    pList.add(new People(3,"王五",30));
    pageContext.setAttribute("pList",pList);
%>
<table>
    <tr>
        <th>编号</th>
        <th>姓名</th>
        <th>年龄</th>
    </tr>
    <c:forEach var="p" items="${pList }">
        <tr>
            <td>${p.id }</td>
            <td>${p.name }</td>
            <td>${p.age }</td>
        </tr>
    </c:forEach>
</table>
```

c:fortokens 分隔输出：

```
<%
    String str1="www.cdivtc.com";
    String str2="张三，李四，王五";
    pageContext.setAttribute("str1",str1);
    pageContext.setAttribute("str2",str2);
%>
<c:forTokens items="${str1 }" delims="." var="s1">
    ${s1 }
</c:forTokens>
```

```
<hr/>
<c:forTokens items="${str2 }" delims="，" var="s2">
    ${s2 }
</c:forTokens>
```

c:import 导入页面：

```
<c:import url="c_forEach.jsp"></c:import>
<c:import url="c_if.jsp"></c:import>
```

c:url 生成一个 url 地址：

```
<c:url value="http://www.cdivtc.com" var="url">
    <c:param name="name" value="tom"></c:param>
    <c:param name="age" value="28"></c:param>
</c:url>
<a href="${url }">成都工业职业技术学院</a>
```

c:redirect 客户端跳转：

```
<c:redirect url="target.jsp">
    <c:param name="name" value="xiaofeng"></c:param>
    <c:param name="age" value="26"></c:param>
</c:redirect>

Target.jsp

<h2>姓名：${param.name }</h2>
<h2>年龄：${param.age }</h2>
```

本章小结

本章详细讲解了自定义标签和 JSTL 核心标签库的使用。在开发中，建议使用标签，因为引入标签可以让程序更整洁，更具可读性。

思考与提高

1. JSTL 的作用及意义是什么？
2. JSTL 核心库的常见标签<c:forEach>中如何得知已经循环到了第几个元素？

第 8 章　文件的上传与下载

在 Web 应用系统开发中，文件的上传和下载是常用的功能。JSP 可以与 HTML form 标签一起使用，用来允许用户上传文件到服务器。上传的文件可以是文本文件、图像文件或任何文档。本章主要介绍 Java Web 中文件上传和下载功能的实现。

8.1　文件的上传

Java Web 的文件上传，一般是 Web 页面中添加需要上传的输入项目，然后在 servlet 中读取上传文件的数据，通过流的方式保存到目标文件中。由于采用流的方式较为复杂，实际开发中一般采用的是 Apache 公司的上传组件，以便简化操作。

commons-fileupload 组件的工作流程如图 8.1 所示。

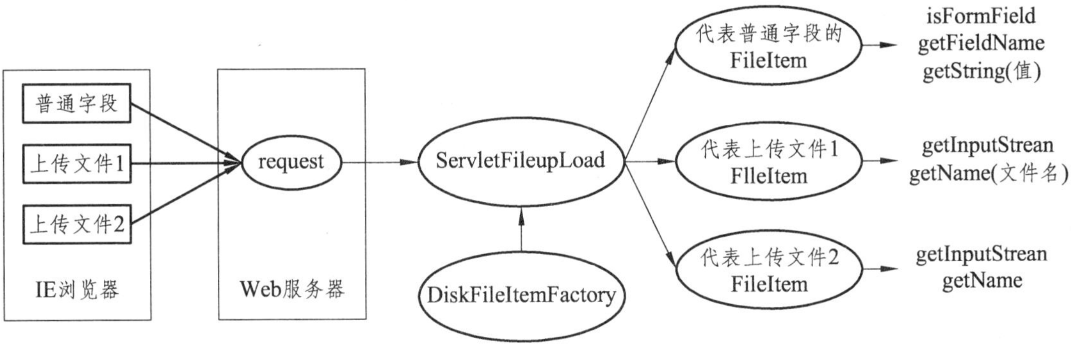

图 8.1　组件工作流程

Fileupload 是由 Apache 的 commons 组件提供的上传组件。它最主要的工作就是解析 request.getInputStream()组件里面的核心接口和类：DiskFileItemFactory、ServletFileUpload、FileItem。

使用 fileupload 组件的步骤如下：

```
//1.创建工厂类 DiskFileItemFactory 对象
DiskFileItemFactory factory = new DiskFileItemFactory();

//2.使用工厂创建解析器对象
ServletFileUpload fileUpload = new ServletFileUpload(factory);

//3.使用解析器来解析 request 对象
List<FileItem> list = fileUpload.parseRequest(request);
```

DiskFileItemFactory 磁盘文件项工厂类：public DiskFileItemFactory(int sizeThreshold, File repository)构造工厂时，指定内存缓冲区大小和临时文件存放位置。public void setSizeThreshold (int sizeThreshold)设置内存缓冲区大小，默认 10K。public void setRepository(File repository)设置临时文件存放位置，默认 System.getProperty(“java.io.tmpdir”)。

内存缓冲区：上传文件时，上传文件的内容优先保存在内存缓冲区中，当上传文件大小超过缓冲区大小，就会在服务器端产生临时文件。临时文件存放位置：保存超过了内存缓冲区大小上传文件而产生临时文件，产生临时文件可以通过 FileItem 的 delete()方法删除。FileItem 表示文件上传表单中每个数据部分。

FileItem 类：它是最终要的结果。一个 FileItem 对象对应一个表单项（表单字段）。一个表单中存在文件字段和普通字段，可以使用 FileItem 类的 isFormField()方法来判断表单字段是否为普通字段，如果不是普通字段，那么就是文件字段了。表 8.1 汇总了 FileItem 类的常用方法。

表 8.1　FileItem 类的常用方法汇总

返回值	方法声明	功能描述
String	getName()	获取文件字段的文件名称
String	getString()	获取字段的内容，如果是文件字段，那么获取的是文件内容，当然上传的文件必须是文本文件
String	getFieldName()	获取字段名称，例如：<input type="text" name="username"/>,返回的是 username
String	getContentType()	获取上传的文件的类型，例如：text/plain
int	getSize()	获取上传文件的大小
boolean	isFormField()	判断当前表单字段是否为普通文本字段，如果返回 false，说明是文件字段
InputStream	getInputStream()	获取上传文件对应的输入流
void	write(File)	把上传的文件保存到指定文件中
void	delete()	删除临时文件（删除时，必须要管理输入输出流）

注意：因为文件上传表单采用编码方式 multipart/form-data 与传统 url 编码不同，所有 getParameter()方法不能使用 setCharacterEncoding()无法解决输入项乱码问题。ServletFileUpload 类的方法见表 8.2。

表 8.2　ServletFileUpload 类的方法

返回值	方法声明	功能描述
boolean	isMultipartContent()	判断 request 的编码方式是否为 multipart/form-data
List	parseRequest()	解析 request，将请求体每个部分封装 FileItem 对象，返回 List <FileItem>
void	setFileSizeMax(long)	设置单个文件上传大小，必须在解析开始之前调用
void	setSizeMax(long)	设置总文件上传大小，必须在解析开始之前调用
void	setHeaderEncoding()	设置编码集解决上传文件名乱码
void	setProgressListener()	设置文件上传监听器（用来监控文件上传进度）、上传时间、剩余大小、速度、剩余时间

（1）引入文件上传的 jar 包。

需要引入的 jar 文件：commons-fileupload-1.3.2、commons-io-2.5.jar。将其放在自己项目的 WEB-INF/lib 文件夹下。

（2）创建一个上传页面，完成上传需要满足 3 个必要的条件：提供 form 表单，method 必须是 post，因为 get 请求的传输数据一般为 2 Kb，不同浏览器不一样；form 表单属性 enctype 必须是 multipart/form-data；提供 input type= “file” 类的上传输入域。

具体前端代码如下：

```
<h1>文件上传实例–案例教程</h1>
<form method="post" action="/TomcatTest/UploadServlet" enctype="multipart/form-data">
    选择一个文件:
    <input type="file" name="uploadFile" />
    <br/><br/>
    <input type="submit" value="上传" />
</form>
```

（3）新建一个上传的控制类，例如 UploadServlet，执行文件上传的操作。

```
protected void doPost(HttpServletRequest request, HttpServletResponse response) throws
ServletException, IOException {
        // 判断表单的 enctype 值是不是"multipart/form-data"
        boolean isMultipartContent = ServletFileUpload
                .isMultipartContent(request);
        if (!isMultipartContent) {
            throw new RuntimeException("your form is not multipart/form-data");
        }
        // 创建一个 DiskFileItemfactory 工厂类
        DiskFileItemFactory factory = new DiskFileItemFactory();
        // 创建一个 ServletFileUpload 核心对象
        ServletFileUpload sfu = new ServletFileUpload(factory);
        // 解析 request 对象，并得到一个表单项的集合
        try {
            List<FileItem> fileItems = sfu.parseRequest(request);
            // 遍历表单项数据
            for (FileItem fileitem : fileItems) {
                if (fileitem.isFormField()) {
                    // 普通表单项
                    String fieldName = fileitem.getFieldName();
                    String fieldValue = fileitem.getString();
                    System.out.println(fieldName + "=====" + fieldValue);
                } else {
```

```
                //上传表单项
                //得到文件输入流
                InputStream is = fileitem.getInputStream();
                //创建文件存储目录
                String directoryRealPath = this.getServletContext().getRealPath ("WEB -INF/upload");
                //创建文件路径
                File storeDirectory = new File(directoryRealPath + File.separator + fileitem.getName());
                //使用 apache commons-io 包，将输入流转成文件
                FileUtils.copyInputStreamToFile(is, storeDirectory);
                }
            }

        } catch (Exception e) {
            e.printStackTrace();
        }
    }
```

值得注意的是：为保证服务器安全，上传文件应该放在外界无法直接访问的目录下，如放于 WEB-INF 目录下。为防止文件覆盖的现象发生，要为上传文件产生一个唯一的文件名。为防止一个目录下面出现太多文件，要使用 hash 算法打散存储。要限制上传文件的最大值。要限制上传文件的类型，在收到上传文件名时，判断后缀名是否合法。因此，在本书中最后一个案例对上传的代码进行了改进，具体查看第 9 章案例 7 的源代码。

8.2 文件的下载

下载的资源必须放到 WEB-INF 目录下，目的是用户不能通过浏览器直接访问，只能通过 Servlet 完成下载。设置 Content-Type 的值为：application/x-msdownload。Web 服务器需要告诉浏览器其所输出的内容的类型不是普通的文本文件或 HTML 文件，而是一个要保存到本地的下载文件；Web 服务器希望浏览器不直接处理相应的实体内容，而是由用户选择将相应的实体内容保存到一个文件中，这需要设置 Content-Disposition 报头。该报头指定了接收程序处理数据内容的方式，在 HTTP 应用中只有 attachment 是标准方式，attachment 表示要求用户干预。在 attachment 后面还可以指定 filename 参数，该参数是服务器建议浏览器将实体内容保存到文件中的文件名称。在设置 Content-Dispostion 之前一定要指定 Content-Type。

（1）在 JSP 页面中给出超链接，链接到 DownloadServlet，并提供要下载的文件名称。然后 DownloadServlet 获取文件的真实路径，然后把文件写入 response.getOutputStream()流中。

```
<body>
This is my JSP page. <br>
<a href="<c:url value='/DownloadServlet?path=a.avi'/>">a.avi</a><br/>
<a href="<c:url value='/DownloadServlet?path=a.jpg'/>">a.jpg</a><br/>
```

```
    <a href="<c:url value='/DownloadServlet?path=a.txt'/>">a.txt</a><br/>
    </body>
```

（2）要下载的文件可以是各种类型的文件，所以要将文件传送给客户端，其相应内容应该被当作二进制来处理，所以应该调用 response.getOutputStream()方法返回 ServeltOutputStream 对象来向客户端写入文件内容。实现下载的 Servlet 代码：

```
public class DownloadServlet extends HttpServlet {

    public void doGet(HttpServletRequest request, HttpServletResponse response)
            throws ServletException, IOException {
        //获取请求链接中的参数，并进行编码，解决文件名中带中文的情况
        String guidFileName = request.getParameter("guidFileName") ;
        guidFileName = new String(guidFileName.getBytes("ISO-8859-1"), "utf-8") ;
        //获取文件储存目录
        String storeDirectory = getServletContext().getRealPath("/WEB-INF/upload") ;
        String childDirectory = DirectoryUtils.getChildDirectoryByHashCode(storeDirectory,
guidFileName) ;
        File file = new File(storeDirectory + "/" + childDirectory, guidFileName) ;
        if(file.exists()) {
            //通知客户端下载
            String oldFileName = guidFileName.substring(guidFileName.indexOf("_") + 1) ;
            response.setHeader("Content-Disposition", "attachment;filename=" + URLEncoder.
encode(oldFileName, "UTF-8")) ;
            //下载
            InputStream is = new FileInputStream(file) ;
            OutputStream os = response.getOutputStream() ;
            int len = -1 ;
            byte[] buf = new byte[1024] ;
            while((len = is.read(buf)) != -1) {
                os.write(buf, 0, len) ;
                os.flush() ;
            }
            is.close() ;
            os.close() ;
        } else {
            throw new RuntimeException("下载文件不存在!!! ") ;
        }
    }
```

本章小结

本章详细介绍了 Java Web 项目中文件上传和下载实现的原理及实例。采用 fileupload 组件，可以很方便地实现单文件/多文件的上传或下载。在实际开发中，文件的上传和下载是常见的操作，掌握上传和下载的使用，有着重要的意义。

思考与提高

1. 如何在基于 Java 的 Web 项目中实现文件上传和下载？
2. 文件上传下载的本质是什么？如何实现大文件的断点续传？

第 9 章　个人博客系统案例

"知行合一，精益求精"，是指在 Java Web 应用程序项目开发中，既有需求分析，又有数据库的设计，网页的基础、Java Web 知识的掌握，因此 Java Web 开发是一项综合的技能，是理论知识和实践相互结合的技能。在项目开发实践过程中，需要对系统开发有着良好的编程习惯，以及精益求精的工匠精神。本章主要以个人博客系统开发为例，详细介绍博客系统的实现过程，从而让学生举一反三，具备开发常见 Java Web 项目的能力。

9.1　案例 1——新建博客系统的数据库

本案例是基于 Java Web 的博客系统，为呈现一个完成的 Java Web 系统，根据真实的系统设计开发流程，首先需要设计博客系统的数据库。

9.1.1　新建数据库

新建数据库 db_diary，如图 9.1 所示。

图 9.1　在 Navicat 中新建数据库

9.1.2　新建数据表

在数据库中新建三张表，第一张是用户信息表 t_user，如图 9.2 所示。

第二张是日志类型表 t_diaryTyep，如图 9.3 所示。

第三张是日志详情表 t_diary，如图 9.4 所示。

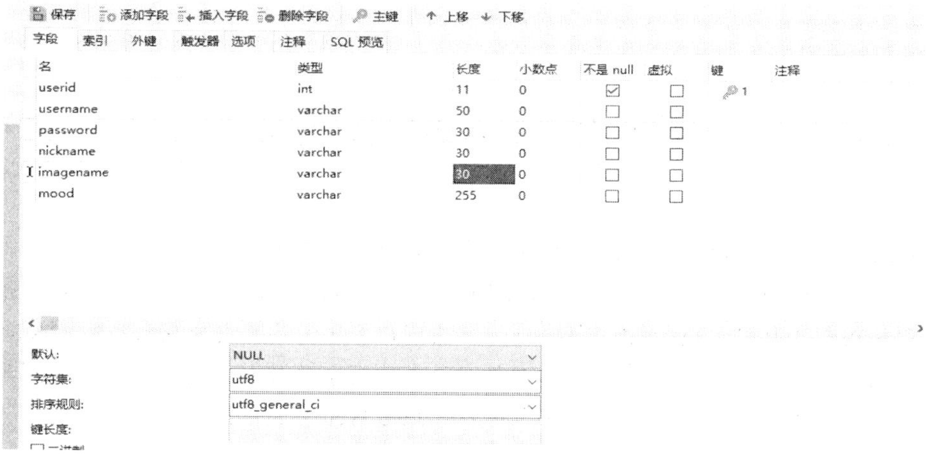

图 9.2 在 Navicat 中新建数据表 1

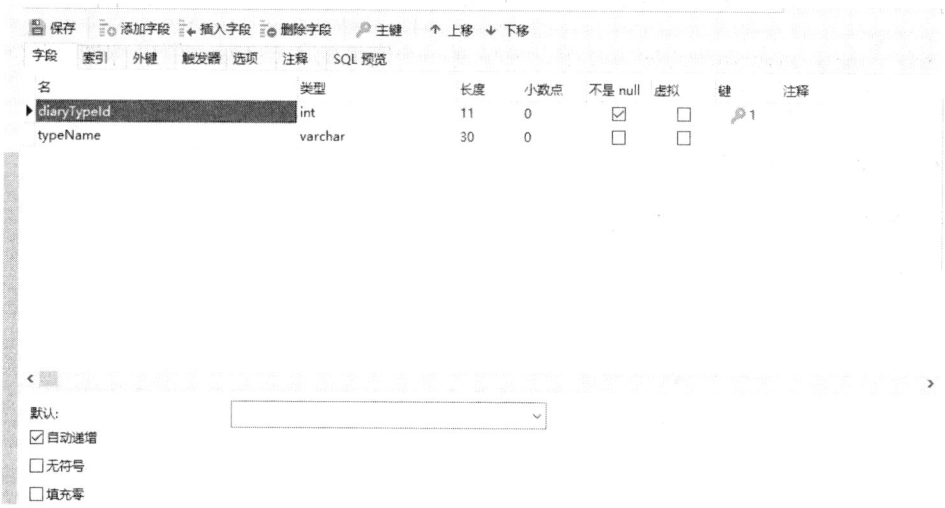

图 9.3 在 Navicat 中新建数据表 2

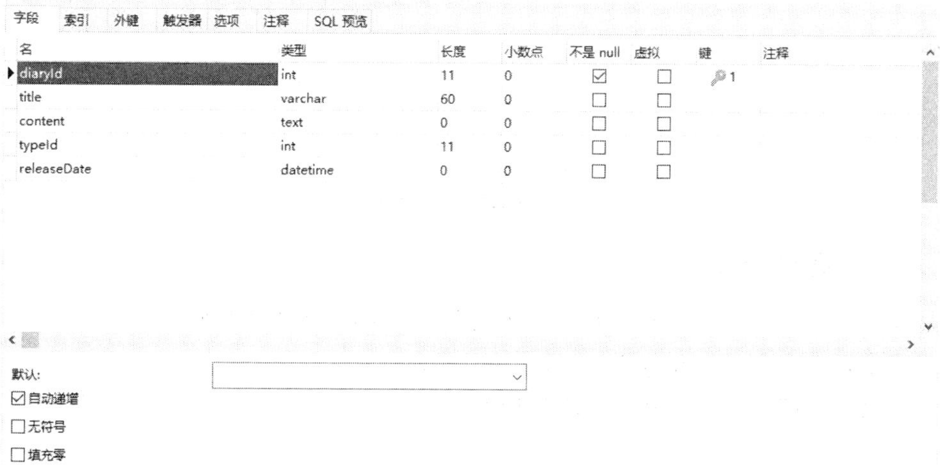

图 9.4 在 Navicat 中新建数据表 3

9.1.3 数据表填充数据

为了便于程序的调试，一般需要填充一些测试数据。填充数据有两种方法，第一种是通过 nvicat 直接添加数据，第二种是通过 insert 语句插入数值，依据个人习惯选择。数据添加后可以在 nvicat 查看，也可以使用命令行 show tables 查看，如图 9.5 所示。

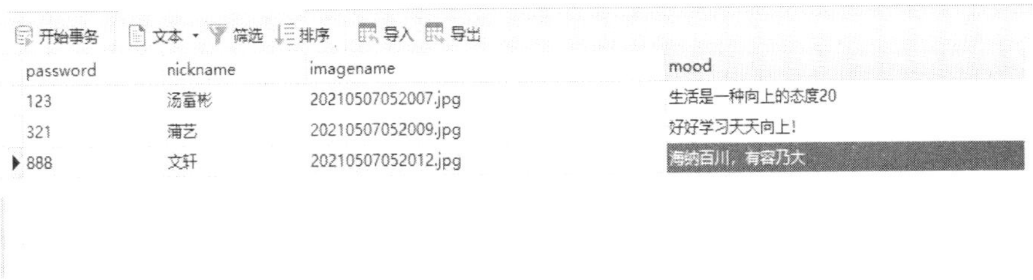

图 9.5　在 Navicat 中插入数据

9.1.4 数据表模型界面

在 Nvicat 中提供了一个很好的模型工具，可以直观地查看数据表之间的关系，如一对多、多对多等关系，如图 9.6 所示。

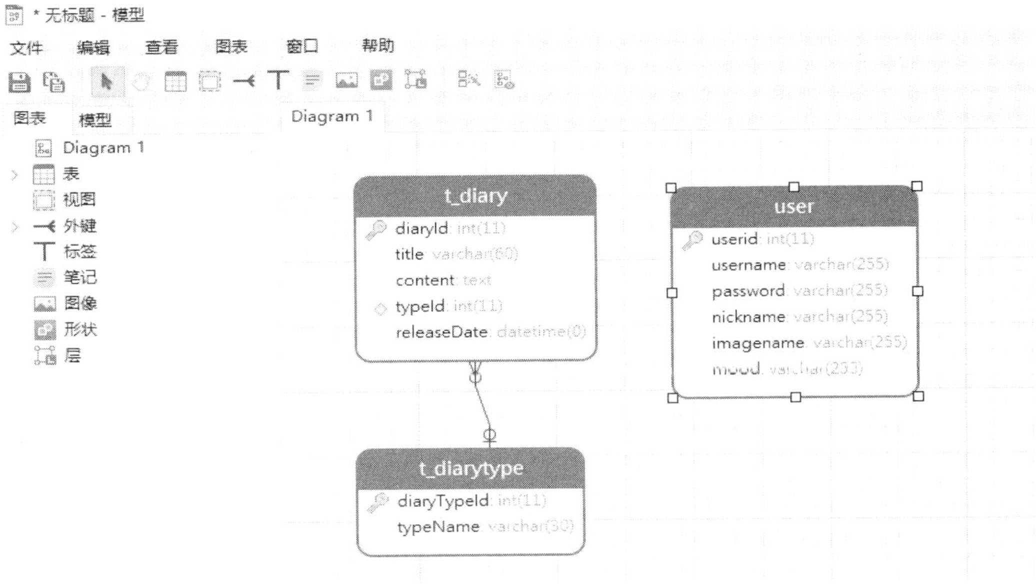

图 9.6　Navicat 中数据表模型界面

9.2 案例 2——新建博客系统的 Java Web 工程

9.2.1 创建博客系统工程

在 Eclipse 中新建一个动态网站工程，工程名为 diarySystem。点击菜单 File→New→other→Dynamic web Project，点击“nex”，如图 9.7 所示。

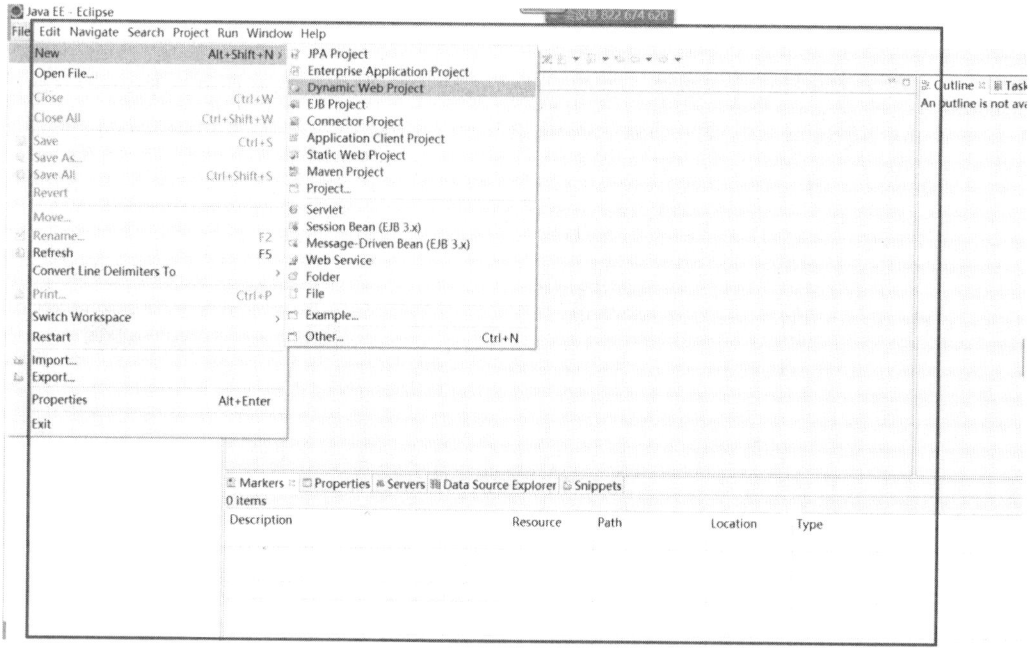

图 9.7　新建博客系统工程 1

在工程设定窗口中，设定工程的名字和 Dynamic web module version(动态网站模型版本)，如图 9.8 所示。笔者使用的是最新的版本，Tomcat 9 对应的是 4.0，单击“next”。关于模型和 Tomcat 存在的对应关系，如 Dynaminc web module 2.5 用于 jdk1.6 或者以上，只能在 Tomcat 6 或者以上运行；Dynaminc web module 3.0 用于 jdk1.7 或者以上，只能在 Tomcat 7 或者以上运行。

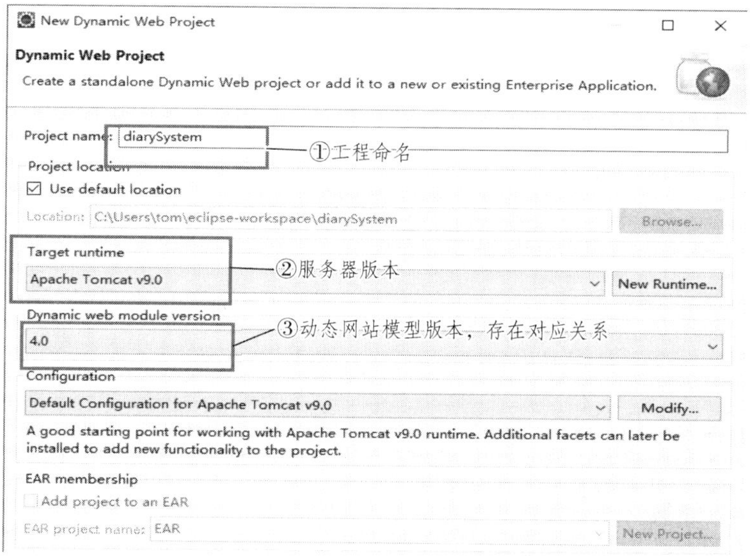

图 9.8　新建博客系统工程 2

点击“下一步”，勾选“创建 web.xml”复选框，如图 9.9 所示。

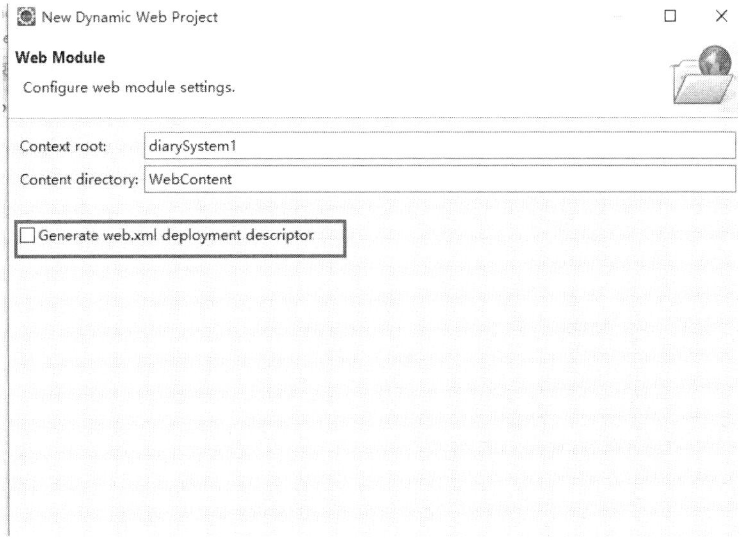

图 9.9　添加 web.xml 配置文件

9.2.2　查看博客系统工程目录

新建 Java Web 工程成功后，可以查看 Java Web 工程的目录结构，如图 9.10 所示。

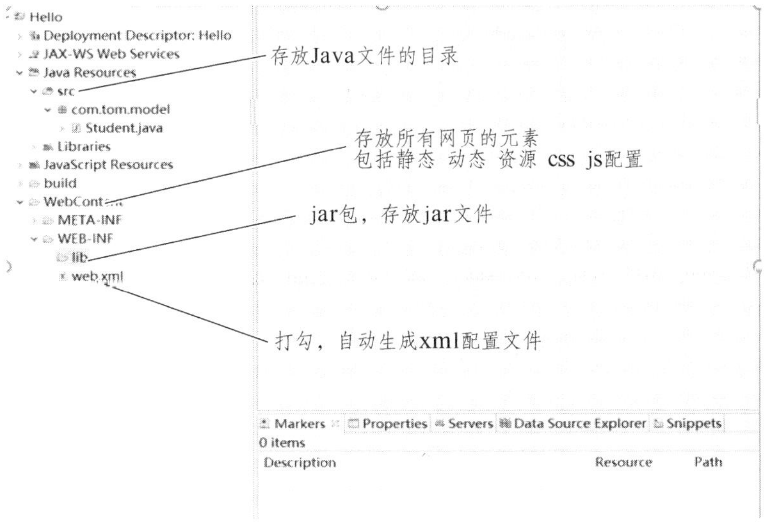

图 9.10　Java Web 工程目录

9.2.3　创建第一张 JSP 动态网页

选中 WebContent 文件，右击→选择 New→选择 JSP File，出现新建 JSP 页面对话框，如图 9.11 所示。

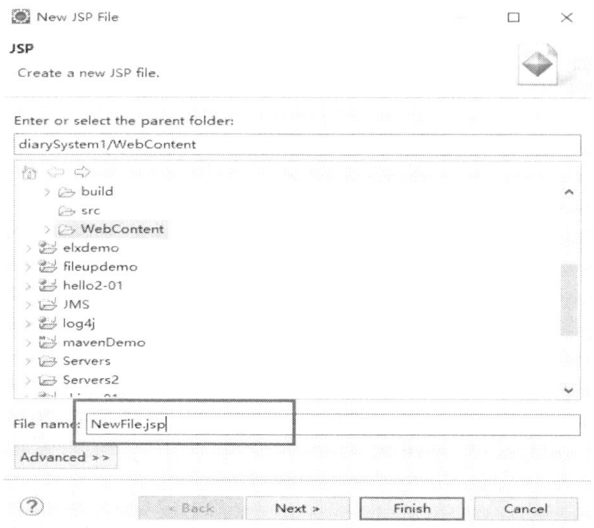

图 9.11　新建 JSP 文件

修改 JSP 页面的名称，点击“Finish”按钮，创建页面成功，点击“运行”按钮，即可运行部署程序。需要特别注意的是，为了避免中文乱码，需要修改页面的编码格式为 UTF-8 编码，如图 9.12 所示。

图 9.12　运行文件

编译成功后，出现运行成功的第一张 JSP 页面，效果如图 9.13 所示。

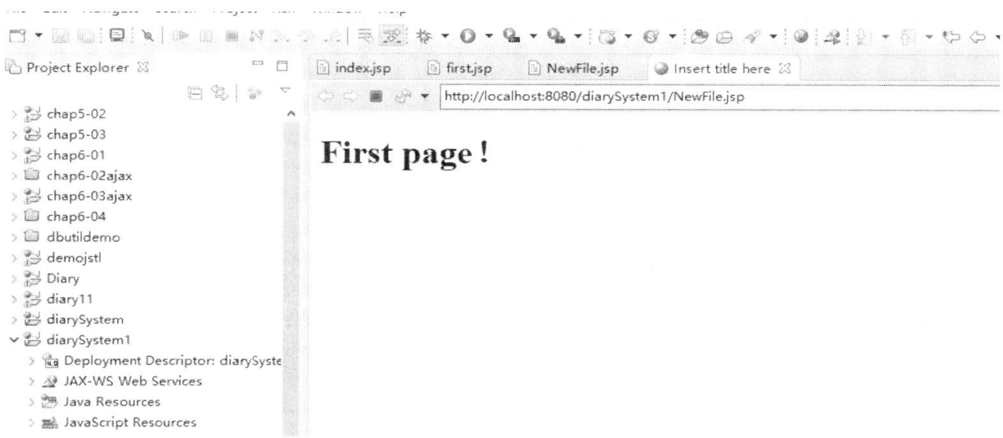

图 9.13　运行文件成功界面

9.3　案例 3——登录功能模块的实现

（1）新建项目。导入图片文件夹、bootstrap 前端框架，新建登录 login.jsp 文件，采用的是客户端的验证方式、回调方式，值为 true 才进行提交，如图 9.14 所示。

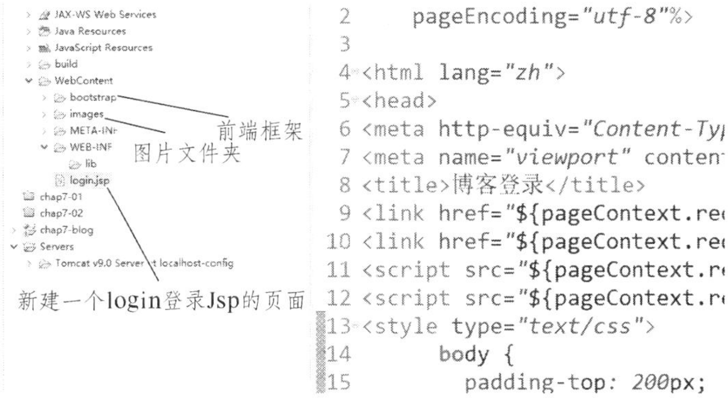

图 9.14　创建项目

前端回调验证用户名和密码是否为空的代码：

```
<script type="text/javascript">
function checkForm(){
    var userName=document.getElementById("userName").value;
    var password=document.getElementById("password").value;
    if(userName==null || userName==""){
        document.getElementById("error").innerHTML="用户名不能为空";
        return false;
    }
    if(password==null || password==""){
        document.getElementById("error").innerHTML="密码不能为空";
        return false;
    }
    return true;
}
</script>
```

知识补充：CSS3 中属性前缀（-moz、-ms、-webkit、-o-）

-moz 代表 Firefox 浏览器私有属性；-ms 代表 IE 浏览器私有属性；-webkit 代表 Safari、Chrome 私有属性；-o-代表 Opera 浏览器私有属性。

（2）进行前端页面设计。首先编写页面 HTML 的表单域，然后进行 CSS 样式设计，如图 9.15 所示。

```
<div class="container">
      <form name="myForm" class="form-signin" action="login" method="post" onsubmit="return checkForm()">
        <h2 class="form-signin-heading">个人博客日记本</h2>
        <input id="userName" name="userName" value="${user.userName }"  type="text" class="input-block-level"
        placeholder="用户名...">
        <input id="password" name="password" value="${user.password }"  type="password" class="input-block-level"
         placeholder="密码..." >
        <label class="checkbox">
          <input id="remember" name="remember" type="checkbox" value="remember-me">记住我    
          <font id="error" color="red">${error }</font>
        </label>
        <button class="btn btn-large btn-primary" type="submit">登录</button>
            
        <button class="btn btn-large btn-primary" type="button" >重置</button>
            <p align="center" style="padding-top: 15px;">版权所有 2020-2021  移动应用开发2000级<a href="http://www.cdivtc.com"
            target="_blank">http://www.cdivtc.com</a></p>
      </form>
</div>
```

图 9.15　前端页面

前端 CSS 的代码：

```
<style type="text/css">
      body {
         padding-top: 200px;
         padding-bottom: 40px;
         background-image: url('images/star.gif');
      }
      .form-signin-heading{
         text-align: center;
      }
      .form-signin {
         max-width: 300px;
         padding: 19px 29px 0px;
         margin: 0 auto 20px;
         background-color: #fff;
         border: 1px solid #e5e5e5;
         -webkit-border-radius: 5px;
             -moz-border-radius: 5px;
                   border-radius: 5px;
         -webkit-box-shadow: 0 1px 2px rgba(0,0,0,.05);
             -moz-box-shadow: 0 1px 2px rgba(0,0,0,.05);
                   box-shadow: 0 1px 2px rgba(0,0,0,.05);
      }
      .form-signin .form-signin-heading,
      .form-signin .checkbox {
```

```
        margin-bottom: 10px;
    }
    .form-signin input[type="text"],
    .form-signin input[type="password"] {
        font-size: 16px;
        height: auto;
        margin-bottom: 15px;
        padding: 7px 9px;
    }
</style>
```

（3）封装数据库的操作类。在 src 目录下新建一个 com.tom.util 包，在包名上右击新建 Dbutil 数据库连接工具类，此类中包含两个方法，分别为连接数据库的方法 getCon()和关闭数据库的方法 close()。要实现数据库的连接，需要导入连接数据库的 jar 包 mysql-connector-java-5.1.46.jar，封装数据库操作类如图 9.16 所示，运行效果如图 9.17 所示。

```java
private String dbUrl="jdbc:mysql://localhost:3306/db_yidong";
private String dbUserName="root";
private String dbPassword="123456";
private String jdbcName="com.mysql.jdbc.Driver";

public Connection getCon() throws Exception{
    Class.forName(jdbcName);
    Connection con=DriverManager.getConnection(dbUrl, dbUserName, dbPassword);
    return con;
}

public void closeCon(Connection con)throws Exception{
    if(con!=null){
        con.close();
    }
}
```

图 9.16　封装数据库操作类

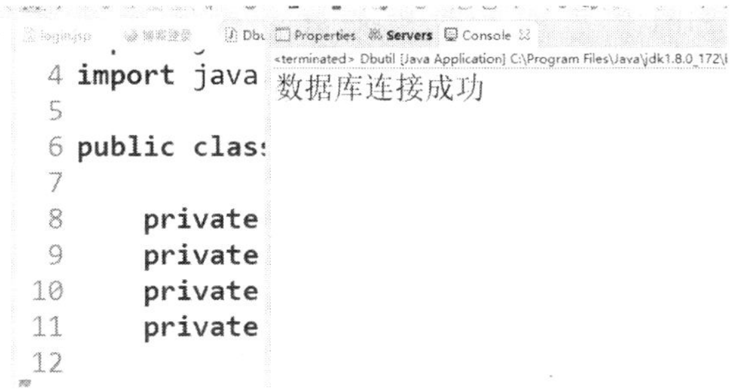

图 9.17　运行效果图

（4）新建模型类。创建包名分别为“com.tom.model”或“com.tom.entity”的包，在包中新建一个模型类或实体类，User 类，代码如图 9.18 所示。

```
package com.tom.model;

public class User {
    int id;
    String username;
    String password;
    String nickname;
    String image;
    //自动生成不带参数的构造方法
    public User() {
        super();
        // TODO Auto-generated constructor stub
    }

    //自动生成带二个参数的构造方法
    public User(String username, String password) {
        super();
        this.username = username;
        this.password = password;
    }

        自动生成getter和setter方法
```

图 9.18　User 实体类

（5）数据库访问类，主要就是增加、删除、修改和查询的方法。通过方法的封装，达到分层的思想，同时减除耦合，达到开闭原则。在 src 下创建一个包名为 com.tom.dao，类名为 UserDao 类，在类中封装一个登录方法，用来查询此用户是否存在，具体代码如图 9.19 所示。

```
public class UserDao {
    /**
     * 返回出数据库里面是否有这个用户，如何有这个用户，这个用户的id，username passworc
     * 如果数据库表里面没有这个用户，返回一个空的user 对象
     * @param conn
     * @param user
     * @return  resultUser
     * @throws Exception
     */
    public User login(Connection conn,User user)throws Exception{
        User resultUser=null;
        String sql="select * from t_user where username=? and password=?";
        //这个接口 预处理sql 语句 增加安全性，避免sql攻击
        PreparedStatement pstmt=conn.prepareStatement(sql);
        pstmt.setString(1, user.getUsername());
        pstmt.setString(2, user.getPassword() );
        ResultSet rs=pstmt.executeQuery();
        if(rs.next()) {
            resultUser=new User();
            resultUser.setId(rs.getInt("id"));
            resultUser.setUsername(rs.getString("username"));
            resultUser.setPassword(rs.getString("password"));
        }
        return resultUser;
```

图 9.19　用户登录代码

（6）最后就是控制层，用于前端数据传到后台的逻辑处理。

在 src 中创建包名为“com.tom.web”的包，在包中实现 LoginServlet 类，并重写 doPost() 方法，项目结构如图 9.20 所示，具体代码如图 9.21 所示。

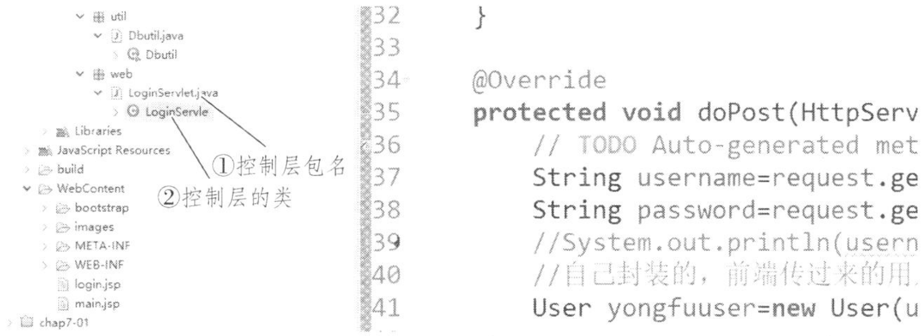

图 9.20　项目结构

图 9.21　登录代码

（7）运行效果如图 9.22 所示。

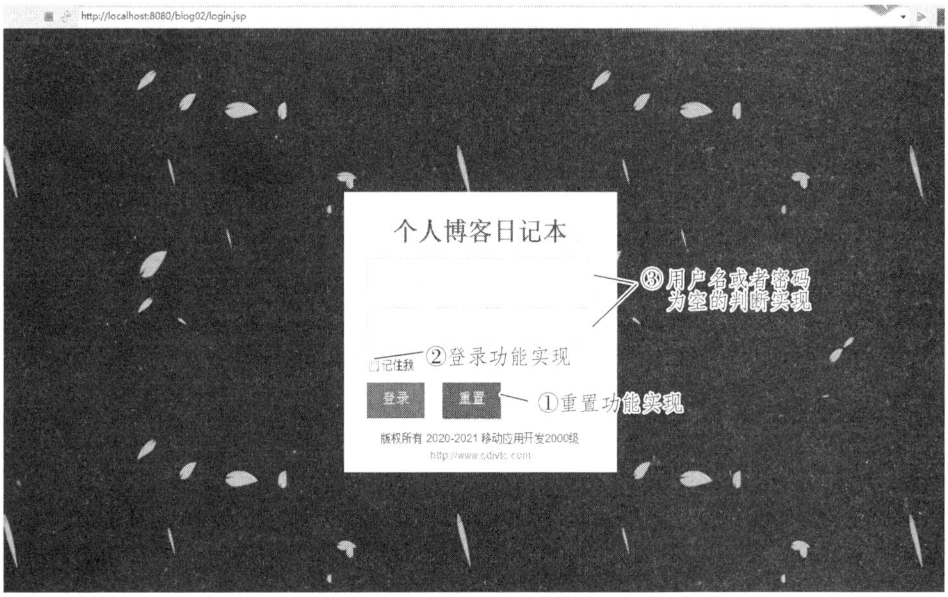

图 9.22　运行效果

9.4 案例 4——主页数据展示模块的实现

（1）新建主页面 main.jsp,首先完成静态页面的设计。主页静态页面代码：

```
<div class="navbar navbar-inverse navbar-fixed-top">
        <div class="navbar-inner">
            <div class="container">
                <a class="brand" href="#">汤老师的博客</a>
                <div class="nav-collapse collapse">
                    <ul class="nav">
                        <li  class="active"><a  href="#"><i  class="icon-home"></i>  主 页
</a></li>
                        <li  class="active"><a  href="#"><i  class="icon-pencil"></i> 写博客
</a></li>
                        <li class="active"><a href="#"><i class="icon-book"></i> 博客分类
管理</a></li>
                        <li  class="active"><a  href="#"><i  class="icon-user"></i> 个人中心
</a></li>
                    </ul>
                </div>
                <form  name="myForm"  class="navbar-form  pull-right"  method="post"  action=
"">
                  <input  class="span2"  id="s_title"  name="s_title"    type="text"  style="margin-
top: 5px;height:30px;" placeholder="工作笔记...">
                  <button type="submit" class="btn" onkeydown="if(event.keyCode==13) myForm.
submit()"><i class="icon-search"></i> 搜索博客</button>
                </form>
            </div>
        </div>
</div>
<div class="container">
      <div class="row-fluid">
            <div class="span9">
                  <jsp:include page="${mainPage }"></jsp:include>
            </div>
            <div class="span3">
                  <div class="data_list">
                        <div class="data_list_title">
                              <img src="${pageContext.request.contextPath}/images/user_icon.png"/>
                              个人中心
```

```
                </div>
            </div>

            <div class="data_list">
                <div class="data_list_title">
                    <img src="${pageContext.request.contextPath}/images/byType_icon.
png"/>
                    按博客类别
                </div>
            </div>

            <div class="data_list">
                <div class="data_list_title">
                    <img src="${pageContext.request.contextPath}/images/byDate_icon.
png"/>
                    按博客日期
                </div>
            </div>
        </div>
    </div>
</div>
```

（2）新建数据库访问 DiaryTypeDao 类，用于博客类别的数据访问。主页页面代码：

```
public class DiaryTypeDao {

    public List<DiaryType> diaryTypeCountList(Connection con)throws Exception{
        List<DiaryType> diaryTypeCountList=new ArrayList<DiaryType>();
        String sql="SELECT diaryTypeId,typeName,COUNT(diaryId) as diaryCount FROM
t_diary RIGHT JOIN t_diaryType ON t_diary.typeId=t_diaryType.diaryTypeId GROUP BY
typeName;";
        PreparedStatement pstmt=con.prepareStatement(sql);
        ResultSet rs=pstmt.executeQuery();
        while(rs.next()){
            DiaryType diaryType=new DiaryType();
            diaryType.setDiaryTypeId(rs.getInt("diaryTypeId"));
            diaryType.setTypeName(rs.getString("typeName"));
            diaryType.setDiaryCount(rs.getInt("diaryCount"));
            diaryTypeCountList.add(diaryType);
        }
        return diaryTypeCountList;
    }
```

```
public List<DiaryType> diaryTypeList(Connection con)throws Exception{
	List<DiaryType> diaryTypeList=new ArrayList<DiaryType>();
	String sql="select * from t_diaryType";
	PreparedStatement pstmt=con.prepareStatement(sql);
	ResultSet rs=pstmt.executeQuery();
	while(rs.next()){
		DiaryType diaryType=new DiaryType();
		diaryType.setDiaryTypeId(rs.getInt("diaryTypeId"));
		diaryType.setTypeName(rs.getString("typeName"));
		diaryTypeList.add(diaryType);
	}
	return diaryTypeList;
}

public int diaryTypeAdd(Connection con,DiaryType diaryType)throws Exception{
	String sql="insert into t_diaryType values(null,?)";
	PreparedStatement pstmt=con.prepareStatement(sql);
	pstmt.setString(1, diaryType.getTypeName());
	return pstmt.executeUpdate();
}

public int diaryTypeUpdate(Connection con,DiaryType diaryType)throws Exception{
	String sql="update t_diaryType set typeName=? where diaryTypeId=?";
	PreparedStatement pstmt=con.prepareStatement(sql);
	pstmt.setString(1, diaryType.getTypeName());
	pstmt.setInt(2, diaryType.getDiaryTypeId());
	return pstmt.executeUpdate();
}

public DiaryType diaryTypeShow(Connection con,String diaryTypeId)throws Exception{
	String sql="SELECT * from t_diaryType where diaryTypeId=?";
	PreparedStatement pstmt=con.prepareStatement(sql);
	pstmt.setString(1, diaryTypeId);
	ResultSet rs=pstmt.executeQuery();
	DiaryType diaryType=new DiaryType();
	if(rs.next()){
		diaryType.setDiaryTypeId(rs.getInt("diaryTypeId"));
		diaryType.setTypeName(rs.getString("typeName"));
	}
```

```
        return diaryType;
    }

    public int diaryTypeDelete(Connection con,String diaryTypeId)throws Exception{
        String sql="delete from t_diaryType where diaryTypeId=?";
        PreparedStatement pstmt=con.prepareStatement(sql);
        pstmt.setString(1, diaryTypeId);
        return pstmt.executeUpdate();
    }
}
```

（3）新建控制层的 MainServlet.java 类，用于用户登录正常后跳转到主界面，并请求 Servlet 类获取博客列表集合数据，数据采用 pagebean 进行分页，数据转发到主页页面域里面。控制层的代码：

```
@Override
protected void doPost(HttpServletRequest request, HttpServletResponse response)
        throws ServletException, IOException {
    request.setCharacterEncoding("utf-8");
    String page=request.getParameter("page");
    HttpSession session=request.getSession();
    String s_typeId=request.getParameter("s_typeId");
    String ss=request.getParameter("s_releaseDateStr");
    //String s_releaseDateStr=java.net.URLDecoder.decode(ss,"utf-8");
    String s_title=request.getParameter("s_title");
    String all=request.getParameter("all");
    Diary diary=new Diary();
    if("true".equals(all)){
        if(StringUtil.isNotEmpty(s_title)){
            diary.setTitle(s_title);
        }
        session.removeAttribute("s_releaseDateStr");
        session.removeAttribute("s_typeId");
        session.setAttribute("s_title", s_title);
    }else{
        if(StringUtil.isNotEmpty(s_typeId)){
            diary.setTypeId(Integer.parseInt(s_typeId));
            session.setAttribute("s_typeId", s_typeId);
            session.removeAttribute("s_releaseDateStr");
            session.removeAttribute("s_title");
        }
```

```
            if(StringUtil.isNotEmpty(ss)){
                //s_releaseDateStr=new String(s_releaseDateStr.getBytes("ISO-8859-1"),"UTF-
8");
                String s_releaseDateStr=java.net.URLDecoder.decode(ss,"utf-8");
                diary.setReleaseDateStr(s_releaseDateStr);
                session.setAttribute("s_releaseDateStr", s_releaseDateStr);
                session.removeAttribute("s_typeId");
                session.removeAttribute("s_title");
            }
            if(StringUtil.isEmpty(s_typeId)){
                Object o=session.getAttribute("s_typeId");
                if(o!=null){
                    diary.setTypeId(Integer.parseInt((String)o));
                }
            }
            if(StringUtil.isEmpty(ss)){
                Object o=session.getAttribute("s_releaseDateStr");
                if(o!=null){
                    diary.setReleaseDateStr((String)o);
                }
            }
            if(StringUtil.isEmpty(s_title)){
                Object o=session.getAttribute("s_title");
                if(o!=null){
                    diary.setTitle((String)o);
                }
            }
        }
        if(StringUtil.isEmpty(page)){
            page="1";
        }
        Connection con=null;
        PageBean pageBean=new PageBean(Integer.parseInt(page),Integer.parseInt(Properties
Util.getValue("pageSize")));
        try {
            con=dbUtil.getCon();
            List<Diary> diaryList=diaryDao.diaryList(con,pageBean,diary);
            int total=diaryDao.diaryCount(con,diary);
            String pageCode=this.genPagation(total, Integer.parseInt(page), Integer.parseInt
```

```
(PropertiesUtil.getValue("pageSize")));
            request.setAttribute("pageCode", pageCode);
            request.setAttribute("diaryList", diaryList);
            session.setAttribute("diaryTypeCountList", diaryTypeDao.diaryTypeCountList(con));
            session.setAttribute("diaryCountList", diaryDao.diaryCountList(con));
            request.setAttribute("mainPage", "diary/diaryList.jsp");
            request.getRequestDispatcher("mainTemp.jsp").forward(request, response);
        } catch (Exception e) {
            // TODO Auto-generated catch block
            e.printStackTrace();
        }finally{
            try {
                dbUtil.closeCon(con);
            } catch (Exception e) {
                // TODO Auto-generated catch block
                e.printStackTrace();
            }
        }
    }
```

（4）最后在前端页面采用迭代标签遍历数据。控制层的代码：

```
    <div class="navbar navbar-inverse navbar-fixed-top">
          <div class="navbar-inner">
            <div class="container">
              <a class="brand" href="#">汤老师的博客</a>
              <div class="nav-collapse collapse">
                <ul class="nav">
                  <li  class="active"><a  href="main?all=true"><i  class="icon-home"></i>
 主页</a></li>
                  <li class="active"><a href="diary?action=preSave"><i class="icon-pencil">
</i> 写博客</a></li>
                  <li  class="active"><a  href="diaryType?action=list"><i  class="icon-book">
</i> 博客分类管理</a></li>
                  <li  class="active"><a  href="user?action=preSave"><i  class="icon-user">
</i> 个人中心</a></li>
                </ul>
              </div>
              <form  name="myForm"  class="navbar-form  pull-right"  method="post"  action=
"main?all=true">
                <input class="span2" id="s_title" name="s_title"   type="text" style="margin-
```

```
top: 5px;height:30px;" placeholder="工作笔记...">
                <button    type="submit"    class="btn"    onkeydown="if(event.keyCode==13)
myForm. submit()"><i class="icon-search"></i> 搜索日志</button>
            </form>
          </div>
        </div>
    </div>
    <div class="container">
        <div class="row-fluid">
            <div class="span9">
                <jsp:include page="${mainPage }"></jsp:include>
            </div>
            <div class="span3">
                <div class="data_list">
                    <div class="data_list_title">
                        <img src="${pageContext.request.contextPath}/images/user_icon.png"/>
                        个人中心
                    </div>
                    <div class="user_image">
                        <img src="${currentUser.imageName }"/>
                    </div>
                    <div class="nickName">${currentUser.nickName }</div>
                    <div class="userSign">(${currentUser.mood })</div>
                </div>
                <div class="data_list">
                    <div class="data_list_title">
                        <img  src="${pageContext.request.contextPath}/images/byType_icon.
png"/>
                        按日志类别
                    </div>
                    <div class="datas">
                        <ul>
                            <c:forEach var="diaryTypeCount" items="${diaryTypeCountList }">
                                <li><span><a  href="main?s_typeId=${diaryTypeCount.Diary
TypeId }">${diaryTypeCount.typeName }(${diaryTypeCount.diaryCount })</a></span></li>
                            </c:forEach>
                        </ul>
                    </div>
                </div>
```

```
                <div class="data_list">
                    <div class="data_list_title">
                        <img src="${pageContext.request.contextPath}/images/byDate_icon.
png"/>
                        按日志日期
                    </div>
                    <div class="datas">
                        <ul>
                            <c:forEach var="diaryCount" items="${diaryCountList }">
                                <%Diary diaryCount=(Diary)pageContext.getAttribute("diary
Count");%>
                                    <li><span><a href="main?s_releaseDateStr=<%=java.net.
URLEncoder.encode(diaryCount.getReleaseDateStr(),"utf-8")%>">${diaryCount.releaseDateStr }(
${diaryCount.diaryCount })</a></span></li>
                            </c:forEach>
                        </ul>
                    </div>
                </div>
            </div>
        </div>
    </div>
```

（5）运行效果如图 9.23 所示。

图 9.23 系统实现效果

9.5 案例 5——博客详细信息模块的实现

（1）新建模型 Diary 类，代码：

```
public class Diary {

	private int diaryId;
	private String title;
	private String content;
	private int typeId=-1;
	private Date releaseDate;

	private String releaseDateStr;
	private int diaryCount;

	private String typeName;


	public Diary() {
		super();
		// TODO Auto-generated constructor stub
	}

	public Diary(String title, String content, int typeId) {
		super();
		this.title = title;
		this.content = content;
		this.typeId = typeId;
	}
 （在此省略 getterand setter 方法）
```

（2）新建数据访问类 DiaryDao，并实现其查询、添加、修改和删除方法：

```
public class DiaryDao {

	public List<Diary> diaryList(Connection con,PageBean pageBean,Diary s_diary)throws 
Exception{
		List<Diary> diaryList=new ArrayList<Diary>();
		StringBuffer sb=new StringBuffer("select * from t_diary t1,t_diaryType t2 where 
t1.typeId=t2.diaryTypeId ");
		if(StringUtil.isNotEmpty(s_diary.getTitle())){
			sb.append(" and t1.title like '%"+s_diary.getTitle()+"%'");
		}
		if(s_diary.getTypeId()!=-1){
```

```
			sb.append(" and t1.typeId="+s_diary.getTypeId());
		}
		if(StringUtil.isNotEmpty(s_diary.getReleaseDateStr())){
			sb.append(" and DATE_FORMAT(t1.releaseDate,'%Y 年%m 月')='"+s_diary.
getReleaseDateStr()+"'");
		}
		sb.append(" order by t1.releaseDate desc");
		if(pageBean!=null){
			sb.append(" limit "+pageBean.getStart()+","+pageBean.getPageSize());
		}
		PreparedStatement pstmt=con.prepareStatement(sb.toString());
		ResultSet rs=pstmt.executeQuery();
		while(rs.next()){
			Diary diary=new Diary();
			diary.setDiaryId(rs.getInt("diaryId"));
			diary.setTitle(rs.getString("title"));
			diary.setContent(rs.getString("content"));
			diary.setReleaseDate(DateUtil.formatString(rs.getString("releaseDate"), "yyyy-
MM-dd HH:mm:ss"));
			diaryList.add(diary);
		}
		return diaryList;
	}

	public int diaryCount(Connection con,Diary s_diary)throws Exception{
		StringBuffer sb=new StringBuffer("select count(*) as total from t_diary
t1,t_diaryType t2 where t1.typeId=t2.diaryTypeId ");
		if(StringUtil.isNotEmpty(s_diary.getTitle())){
			sb.append(" and t1.title like '%"+s_diary.getTitle()+"%'");
		}
		if(s_diary.getTypeId()!=-1){
			sb.append(" and t1.typeId="+s_diary.getTypeId());
		}
		if(StringUtil.isNotEmpty(s_diary.getReleaseDateStr())){
			sb.append(" and DATE_FORMAT(t1.releaseDate,'%Y 年%m 月')='"+s_diary.
getReleaseDateStr()+"'");
		}
		PreparedStatement pstmt=con.prepareStatement(sb.toString());
		ResultSet rs=pstmt.executeQuery();
```

```
        if(rs.next()){
            return rs.getInt("total");
        }else{
            return 0;
        }
    }

    public List<Diary> diaryCountList(Connection con)throws Exception{
        List<Diary> diaryCountList=new ArrayList<Diary>();
        String sql="SELECT DATE_FORMAT(releaseDate,'%Y 年%m 月') as release
DateStr, COUNT(*) AS diaryCount  FROM t_diary GROUP BY DATE_FORMAT(releaseDate,
'%Y 年%m 月') ORDER BY DATE_FORMAT(releaseDate,'%Y 年%m 月') DESC;";
        PreparedStatement pstmt=con.prepareStatement(sql);
        ResultSet rs=pstmt.executeQuery();
        while(rs.next()){
            Diary diary=new Diary();
            diary.setReleaseDateStr(rs.getString("releaseDateStr"));
            diary.setDiaryCount(rs.getInt("diaryCount"));
            diaryCountList.add(diary);
        }
        return diaryCountList;
    }

    public Diary diaryShow(Connection con,String diaryId)throws Exception{
        String sql="select * from t_diary t1,t_diaryType t2 where t1.typeId=t2.diaryTypeId
and t1.diaryId=?";
        PreparedStatement pstmt=con.prepareStatement(sql);
        pstmt.setString(1, diaryId);
        ResultSet rs=pstmt.executeQuery();
        Diary diary=new Diary();
        if(rs.next()){
            diary.setDiaryId(rs.getInt("diaryId"));
            diary.setTitle(rs.getString("title"));
            diary.setContent(rs.getString("content"));
            diary.setTypeId(rs.getInt("typeId"));
            diary.setTypeName(rs.getString("typeName"));

  diary.setReleaseDate(DateUtil.formatString(rs.getString("releaseDate"),"yyyy-MM-dd HH: mm:
ss"));
```

```
        }
        return diary;
    }

    public int diaryAdd(Connection con,Diary diary)throws Exception{
        String sql="insert into t_diary values(null,?,?,?,now())";
        PreparedStatement pstmt=con.prepareStatement(sql);
        pstmt.setString(1, diary.getTitle());
        pstmt.setString(2, diary.getContent());
        pstmt.setInt(3, diary.getTypeId());
        return pstmt.executeUpdate();
    }

    public int diaryDelete(Connection con,String diaryId)throws Exception{
        String sql="delete from t_diary where diaryId=?";
        PreparedStatement pstmt=con.prepareStatement(sql);
        pstmt.setString(1, diaryId);
        return pstmt.executeUpdate();
    }

    public int diaryUpdate(Connection con,Diary diary)throws Exception{
        String sql="update t_diary set title=?,content=?,typeId=? where diaryId=?";
        PreparedStatement pstmt=con.prepareStatement(sql);
        pstmt.setString(1, diary.getTitle());
        pstmt.setString(2, diary.getContent());
        pstmt.setInt(3, diary.getTypeId());
        pstmt.setInt(4, diary.getDiaryId());
        return pstmt.executeUpdate();
    }

    public boolean existDiaryWithTypeId(Connection con,String typeId)throws Exception{
        String sql="select * from t_diary where typeId=?";
        PreparedStatement pstmt=con.prepareStatement(sql);
        pstmt.setString(1, typeId);
        ResultSet rs=pstmt.executeQuery();
        if(rs.next()){
            return true;
        }else{
            return false;
        }
```

```
    }

}
```

（3）新建控制层 DiaryServlet，把数据转发到前端页面：

```
@Override
    protected void doPost(HttpServletRequest request, HttpServletResponse response)
            throws ServletException, IOException {
        request.setCharacterEncoding("utf-8");
        String action=request.getParameter("action");
        if("show".equals(action)){
            diaryShow(request,response);
        }else if("preSave".equals(action)){
            diaryPreSave(request,response);
        }else if("save".equals(action)){
            diarySave(request,response);
        }else if("delete".equals(action)){
            diaryDelete(request,response);
        }
    }

    private void diaryShow(HttpServletRequest request, HttpServletResponse response)
throws ServletException, IOException {
        String diaryId=request.getParameter("diaryId");
        Connection con=null;
        try{
            con=dbUtil.getCon();
            Diary diary=diaryDao.diaryShow(con, diaryId);
            request.setAttribute("diary", diary);
            request.setAttribute("mainPage", "diary/diaryShow.jsp");
            request.getRequestDispatcher("mainTemp.jsp").forward(request, response);
        }catch(Exception e){
            e.printStackTrace();
        }finally{
            try {
                dbUtil.closeCon(con);
            } catch (Exception e) {
                // TODO Auto-generated catch block
                e.printStackTrace();
            }
```

```
		}
	}
	private void diaryPreSave(HttpServletRequest request, HttpServletResponse response)
throws ServletException, IOException {
		String diaryId=request.getParameter("diaryId");
		Connection con=null;
		try{
			if(StringUtil.isNotEmpty(diaryId)){
				con=dbUtil.getCon();
				Diary diary=diaryDao.diaryShow(con, diaryId);
				request.setAttribute("diary", diary);
			}
			request.setAttribute("mainPage", "diary/diarySave.jsp");
			request.getRequestDispatcher("mainTemp.jsp").forward(request, response);
		}catch(Exception e){
			e.printStackTrace();
		}finally{
			try {
				dbUtil.closeCon(con);
			} catch (Exception e) {
				// TODO Auto-generated catch block
				e.printStackTrace();
			}
		}

	}
	private void diarySave(HttpServletRequest request, HttpServletResponse response)throws
ServletException, IOException {
		String title=request.getParameter("title");
		String content=request.getParameter("content");
		String typeId=request.getParameter("typeId");

		Diary diary=new Diary(title,content,Integer.parseInt(typeId));
		Connection con=null;
		try {
			con=dbUtil.getCon();
			int saveNums=diaryDao.diaryAdd(con, diary);
			if(saveNums>0){
				request.getRequestDispatcher("main?all=true").forward(request, response);
```

```
			}else{
				request.setAttribute("diary", diary);
				request.setAttribute("error", "保存失败");
				request.setAttribute("mainPage", "diary/diarySave.jsp");
				request.getRequestDispatcher("mainTemp.jsp").forward(request, response);
			}
		} catch (Exception e) {
			// TODO Auto-generated catch block
			e.printStackTrace();
		}finally{
			try {
				dbUtil.closeCon(con);
			} catch (Exception e) {
				// TODO Auto-generated catch block
				e.printStackTrace();
			}
		}
	}

	private void diaryDelete(HttpServletRequest request, HttpServletResponse response)
throws ServletException, IOException {
		String diaryId=request.getParameter("diaryId");
		Connection con=null;
		try{
			con=dbUtil.getCon();
			diaryDao.diaryDelete(con, diaryId);
			request.getRequestDispatcher("main?all=true").forward(request, response);
		}catch(Exception e){
			e.printStackTrace();
		}finally{
			try {
				dbUtil.closeCon(con);
			} catch (Exception e) {
				// TODO Auto-generated catch block
				e.printStackTrace();
			}
		}
	}
}
```

（4）在前端页面使用迭代器标签<c:foreach>把数据展示到页面 DiaryList 上：

```
<%@ page language="java" contentType="text/html; charset=utf-8" pageEncoding="utf-8"%>
<%@ taglib uri="http://java.sun.com/jsp/jstl/core" prefix="c"%>
<%@ taglib prefix="fmt" uri="http://java.sun.com/jsp/jstl/fmt"%>

<div class="data_list">
        <div class="data_list_title">
        <img src="${pageContext.request.contextPath}/images/list_icon.png"/>
        日记列表</div>
        <div class="diary_datas">
            <ul>
                <c:forEach var="diary" items="${diaryList }">
                    <li>〖<fmt:formatDate value="${diary.releaseDate }" type="date"
pattern="yyyy-MM-dd"/>〗<span>
                     <a href="diary?action=show&diaryId=${diary.diaryId }">
${diary.title }</a></span></li>
                </c:forEach>
            </ul>
        </div>
        <div class="pagination pagination-centered">
            <ul>
                ${pageCode }
            </ul>
        </div>
</div>
```

（5）引入 ckeditor 在线文档编译器，实现博文的录入工作，实现效果如图 9.24 所示。

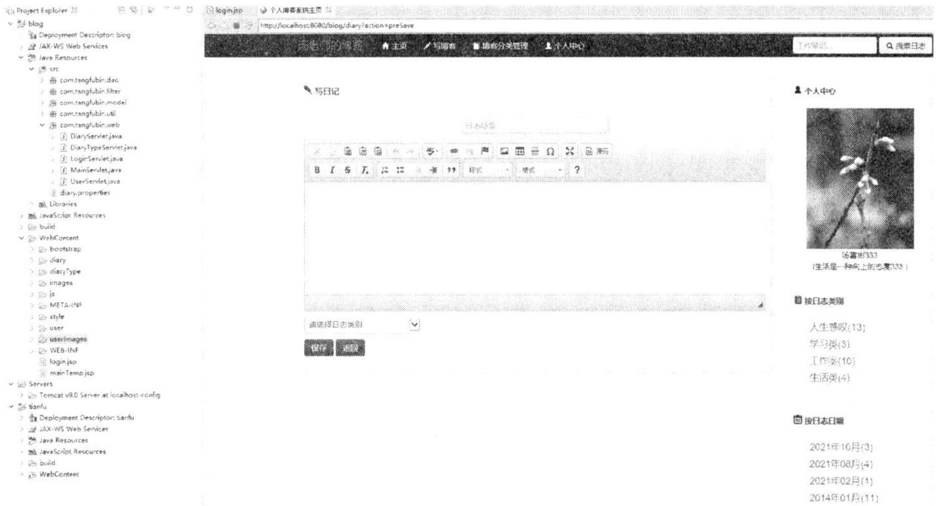

图 9.24　系统实现效果

（6）运行效果如图 9.25 所示。

图 9.25　系统运行效果

9.6　案例 6——博客类别模块的实现

（1）新建模型 DiaryType 类：

```
public class DiaryType {

    private int diaryTypeId;
    private String typeName;
    private int diaryCount;
    public DiaryType(String typeName) {
        super();
        this.typeName = typeName;
    }
    public DiaryType() {
        super();
        // TODO Auto-generated constructor stub
    }

（在此省略 getter and setter 方法）
```

（2）新建 DiaryTypeDao 数据访问类，实现博客类型的增、删、查、改操作：

```
public class DiaryTypeDao {

    public List<DiaryType> diaryTypeCountList(Connection con)throws Exception{
        List<DiaryType> diaryTypeCountList=new ArrayList<DiaryType>();
```

```
		String sql="SELECT diaryTypeId,typeName,COUNT(diaryId) as diaryCount FROM
t_diary RIGHT JOIN t_diaryType ON t_diary.typeId=t_diaryType.diaryTypeId GROUP BY type
Name;";
		PreparedStatement pstmt=con.prepareStatement(sql);
		ResultSet rs=pstmt.executeQuery();
		while(rs.next()){
			DiaryType diaryType=new DiaryType();
			diaryType.setDiaryTypeId(rs.getInt("diaryTypeId"));
			diaryType.setTypeName(rs.getString("typeName"));
			diaryType.setDiaryCount(rs.getInt("diaryCount"));
			diaryTypeCountList.add(diaryType);
		}
		return diaryTypeCountList;
	}

	public List<DiaryType> diaryTypeList(Connection con)throws Exception{
		List<DiaryType> diaryTypeList=new ArrayList<DiaryType>();
		String sql="select * from t_diaryType";
		PreparedStatement pstmt=con.prepareStatement(sql);
		ResultSet rs=pstmt.executeQuery();
		while(rs.next()){
			DiaryType diaryType=new DiaryType();
			diaryType.setDiaryTypeId(rs.getInt("diaryTypeId"));
			diaryType.setTypeName(rs.getString("typeName"));
			diaryTypeList.add(diaryType);
		}
		return diaryTypeList;
	}

	public int diaryTypeAdd(Connection con,DiaryType diaryType)throws Exception{
		String sql="insert into t_diaryType values(null,?)";
		PreparedStatement pstmt=con.prepareStatement(sql);
		pstmt.setString(1, diaryType.getTypeName());
		return pstmt.executeUpdate();
	}

	public int diaryTypeUpdate(Connection con,DiaryType diaryType)throws Exception{
		String sql="update t_diaryType set typeName=? where diaryTypeId=?";
		PreparedStatement pstmt=con.prepareStatement(sql);
		pstmt.setString(1, diaryType.getTypeName());
```

```
        pstmt.setInt(2, diaryType.getDiaryTypeId());
        return pstmt.executeUpdate();
    }

    public DiaryType diaryTypeShow(Connection con,String diaryTypeId)throws Exception{
        String sql="SELECT * from t_diaryType where diaryTypeId=?";
        PreparedStatement pstmt=con.prepareStatement(sql);
        pstmt.setString(1, diaryTypeId);
        ResultSet rs=pstmt.executeQuery();
        DiaryType diaryType=new DiaryType();
        if(rs.next()){
            diaryType.setDiaryTypeId(rs.getInt("diaryTypeId"));
            diaryType.setTypeName(rs.getString("typeName"));
        }
        return diaryType;
    }

    public int diaryTypeDelete(Connection con,String diaryTypeId)throws Exception{
        String sql="delete from t_diaryType where diaryTypeId=?";
        PreparedStatement pstmt=con.prepareStatement(sql);
        pstmt.setString(1, diaryTypeId);
        return pstmt.executeUpdate();
    }
}
```

（3）新建控制层 diaryTypeServlet 类，用于博客类别的操作处理：

```
@Override
    protected void doPost(HttpServletRequest request, HttpServletResponse response)
            throws ServletException, IOException {
        request.setCharacterEncoding("utf-8");
        String action=request.getParameter("action");
        if("list".equals(action)){
            diaryTypeList(request,response);
        }else if("preSave".equals(action)){
            diaryTypePreSave(request,response);
        }else if("save".equals(action)){
            diaryTypeSave(request,response);
        }else if("delete".equals(action)){
            diaryTypeDelete(request,response);
        }
```

```
	}

	private void diaryTypeList(HttpServletRequest request, HttpServletResponse response)
throws ServletException, IOException {
		Connection con=null;
		try{
			con=dbUtil.getCon();
			List<DiaryType> diaryTypeList=diaryTypeDao.diaryTypeList(con);
			request.setAttribute("diaryTypeList", diaryTypeList);
			request.setAttribute("mainPage", "diaryType/diaryTypeList.jsp");
			request.getRequestDispatcher("mainTemp.jsp").forward(request, response);
		}catch(Exception e){
			e.printStackTrace();
		}finally{
			try {
				dbUtil.closeCon(con);
			} catch (Exception e) {
				// TODO Auto-generated catch block
				e.printStackTrace();
			}
		}
	}

	private void diaryTypePreSave(HttpServletRequest request, HttpServletResponse response)
throws ServletException, IOException {
		String diaryTypeId=request.getParameter("diaryTypeId");
		if(StringUtil.isNotEmpty(diaryTypeId)){
			Connection con=null;
			try{
				con=dbUtil.getCon();
				DiaryType diaryType=diaryTypeDao.diaryTypeShow(con,diaryTypeId);
				request.setAttribute("diaryType", diaryType);
			}catch(Exception e){
				e.printStackTrace();
			}finally{
				try {
					dbUtil.closeCon(con);
				} catch (Exception e) {
					// TODO Auto-generated catch block
```

```
                        e.printStackTrace();
                    }
                }
            }
            request.setAttribute("mainPage", "diaryType/diaryTypeSave.jsp");
            request.getRequestDispatcher("mainTemp.jsp").forward(request, response);
        }

        private void diaryTypeSave(HttpServletRequest request, HttpServletResponse response)
throws ServletException, IOException {
            String diaryTypeId=request.getParameter("diaryTypeId");
            String typeName=request.getParameter("typeName");
            DiaryType diaryType=new DiaryType(typeName);
            if(StringUtil.isNotEmpty(diaryTypeId)){
                diaryType.setDiaryTypeId(Integer.parseInt(diaryTypeId));
            }
            Connection con=null;
            try{
                con=dbUtil.getCon();
                int saveNum=0;
                if(StringUtil.isNotEmpty(diaryTypeId)){
                    saveNum=diaryTypeDao.diaryTypeUpdate(con, diaryType);
                }else{
                    saveNum=diaryTypeDao.diaryTypeAdd(con, diaryType);
                }
                if(saveNum>0){
                    request.getRequestDispatcher("diaryType?action=list").forward(request,
response);
                }else{
                    request.setAttribute("diaryType", diaryType);
                    request.setAttribute("error", "保存失败！");
                    request.setAttribute("mainPage", "diaryType/diaryTypeSave.jsp");
                    request.getRequestDispatcher("mainTemp.jsp").forward(request,
response);
                }
            }catch(Exception e){
                e.printStackTrace();
            }finally{
                try {
```

```java
                dbUtil.closeCon(con);
            } catch (Exception e) {
                // TODO Auto-generated catch block
                e.printStackTrace();
            }
        }
    }

    private void diaryTypeDelete(HttpServletRequest request, HttpServletResponse response)
throws ServletException, IOException {
        String diaryTypeId=request.getParameter("diaryTypeId");
        Connection con=null;
        try{
            con=dbUtil.getCon();
            if(diaryDao.existDiaryWithTypeId(con, diaryTypeId)){
                request.setAttribute("error", "日志类别下有日志，不能删除该类别！");
            }else{
                diaryTypeDao.diaryTypeDelete(con, diaryTypeId);
            }
            request.getRequestDispatcher("diaryType?action=list").forward(request, response);
        }catch(Exception e){
            e.printStackTrace();
        }finally{
            try {
                dbUtil.closeCon(con);
            } catch (Exception e) {
                // TODO Auto-generated catch block
                e.printStackTrace();
            }
        }
    }

}
```

（4）新建前端 diarytypeList.jsp 页面和 diaryTypesave.jsp 页面，用于对博客的显示和添加操作表现层界面：

```html
<div class="data_list">
        <div class="data_list_title">
        <img src="${pageContext.request.contextPath}/images/list_icon.png"/>
        日记类别列表
```

```
        <span class="diaryType_add">
            <button class="btn btn-mini btn-success" type="button" onclick="javascript:
window.location='diaryType?action=preSave'">添加日志类别</button>
        </span>
        </div>
        <div>
            <table class="table table-hover table-striped">
            <tr>
                <th>编号</th>
                <th>类别名称</th>
                <th>操作</th>
            </tr>
            <c:forEach var="diaryType" items="${diaryTypeList }">
                <tr>
                    <td>${diaryType.diaryTypeId }</td>
                    <td>${diaryType.typeName }</td>
                    <td><button class="btn btn-mini btn-info" type="button" onclick=
"javascript:window.location='diaryType?action=preSave&diaryTypeId=${diaryType.diaryTypeId }'
">修改</button> <button class="btn btn-mini btn-danger" type="button" onclick="diary
TypeDelete(${diaryType.diaryTypeId })">删除</button></td>
                </tr>
            </c:forEach>
            </table>
        </div>
        <div align="center"><font color="red">${error }</font></div>
    </div>
```

为了防止误删除操作，日志类别采用二次确认操作，脚本代码如下：

```
<script type="text/javascript">
    function diaryTypeDelete(diaryTypeId){
        if(confirm("您确定要删除这个日志类别吗？")){
            window.location="diaryType?action=delete&diaryTypeId="+diaryTypeId;
        }
    }
</script>
```

（5）系统实现效果如图 9.26 所示。

图 9.26　系统实现效果

9.7　案例 7——博客个人中心模块的实现

（1）个人中心主要是对用户表实现修改操作，图片信息采用文件输入流的方式上传到服务器，因此，本案例主要是对文件的操作，UserServlet.java 类的代码如下：

```
private void userSave(HttpServletRequest request, HttpServletResponse response)throws
ServletException, IOException {
        FileItemFactory factory=new DiskFileItemFactory();
        ServletFileUpload upload=new ServletFileUpload(factory);
        List<FileItem> items=null;
        try {
```

```
			items=upload.parseRequest(request);
		} catch (FileUploadException e) {
			// TODO Auto-generated catch block
			e.printStackTrace();
		}
		Iterator<FileItem> itr=items.iterator();
		HttpSession session=request.getSession();
		User user=(User)session.getAttribute("currentUser");
		boolean imageChange=false;
		while(itr.hasNext()){
			FileItem item=(FileItem)itr.next();
			if(item.isFormField()){
				String fieldName=item.getFieldName();
				if("nickName".equals(fieldName)){
					user.setNickName(item.getString("utf-8"));
				}
				if("mood".equals(fieldName)){
					user.setMood(item.getString("utf-8"));
				}
			}else if(!"".equals(item.getName())){
				try{
					imageChange=true;
					String imageName=DateUtil.getCurrentDateStr();
					user.setImageName(imageName+"."+item.getName().split("\\.")[1]);
					String filePath=PropertiesUtil.getValue("imagePath")+imageName+".
"+item.getName().split("\\.")[1];
					item.write(new File(filePath));
				}catch(Exception e){
					e.printStackTrace();
				}
			}
		}

		if(!imageChange){
			user.setImageName(user.getImageName().replaceFirst(PropertiesUtil.getValue
("imageFile"), ""));
		}
```

```
        Connection con=null;
        try {
            con=dbUtil.getCon();
            int saveNums=userDao.userUpdate(con, user);
            if(saveNums>0){
                user.setImageName(PropertiesUtil.getValue("imageFile")+user.getImage
Name());
                session.setAttribute("currentUser", user);
                request.getRequestDispatcher("main?all=true").forward(request,
response);
            }else{
                request.setAttribute("currentUser", user);
                request.setAttribute("error", "保存失败！");
                request.setAttribute("mainPage", "user/userSave.jsp");
                request.getRequestDispatcher("mainTemp.jsp").forward(request,
response);
            }
        } catch (Exception e) {
            // TODO Auto-generated catch block
            e.printStackTrace();
        }finally{
            try {
                dbUtil.closeCon(con);
            } catch (Exception e) {
                // TODO Auto-generated catch block
                e.printStackTrace();
            }
        }
    }
}
```

（2）运行效果如图 9.27 所示。

图 9.27 系统实现效果

本章小结

本章以一个基于 Java Web 的博客系统为例，以项目为中心，以实现功能模块为载体详细介绍了一个项目的开发过程。在实际开发中，遵照 MVC 模型，依据个人习惯可以从前端到后端编码，也可以从后端到前端编码，最终实现需求开发文档功能模块，从而完成一个完整的项目。

思考与提高

1. 请更换在线编辑器，如百度的 UEditor，使系统支持单图、多图上传，支持截图上传，支持代码高亮特性等功能。

2. 请对博客系统重构相应功能使之成为多用户博客系统。

参考文献

[1] 软件开发技术联盟. Java Web 开发实战[M]. 北京：清华大学出版社，2013.

[2] 千锋教育高教产品研发部. Java Web 开发实战[M]. 北京：清华大学出版社，2018.

[3] 传智播客高教产品研发部. Java Web 程序开发入门[M]. 北京：清华大学出版社，2015.

[4] 传智播客高教产品研发部. Java Web 程序开发进阶[M]. 北京：清华大学出版社，2015.

[5] 肖睿，喻晓路. JavaWeb 应用设计及实战[M]. 北京：人民邮电出版社，2018.

[6] 许令波. 深入分析 Java Web 技术内幕[M]. 北京：电子工业出版社，2012.